バイオ研究のフロンティア

環境とバイオ 1

田中信夫／編

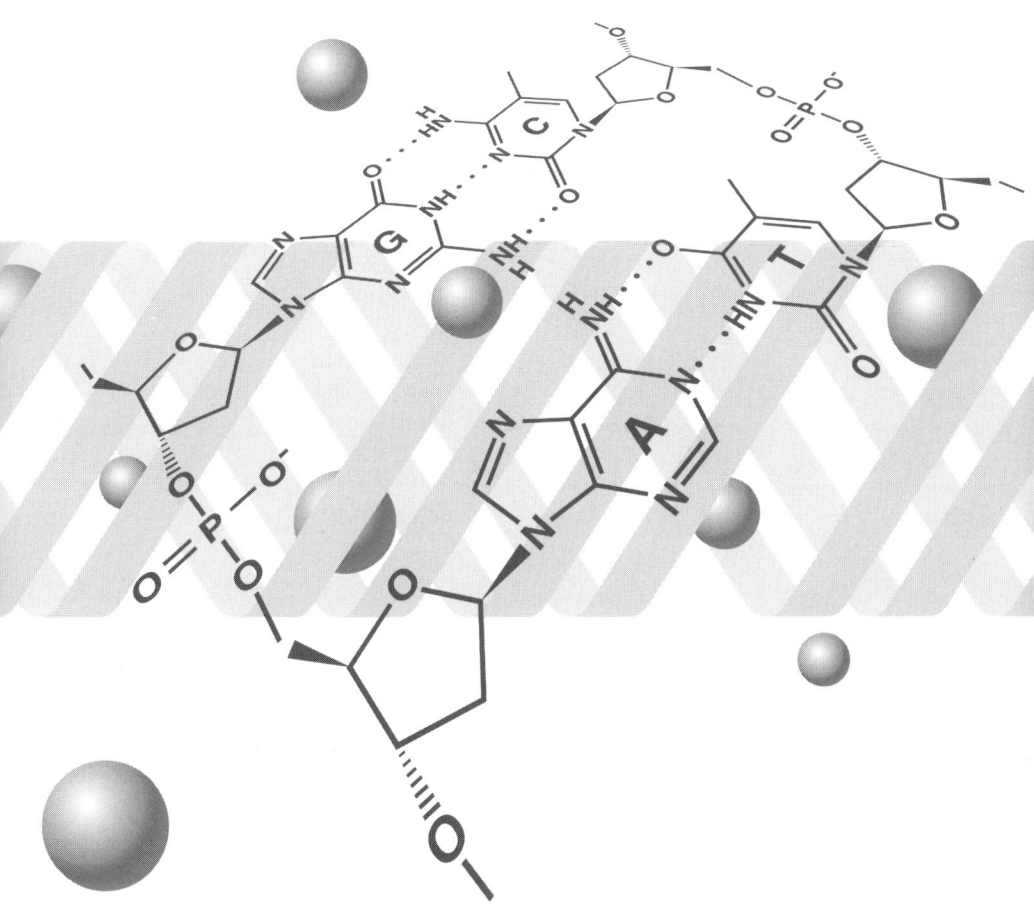

工学図書株式会社

■執筆者一覧　（五十音順，＊は編者，かっこ内は担当章・節）

一瀬　　宏	東京工業大学大学院生命理工学研究科・分子生命科学専攻(6)
大倉　一郎	東京工業大学大学院生命理工学研究科・生物プロセス専攻(7.2)
太田　啓之	東京工業大学バイオ研究基盤支援総合センター(3)
蒲池　利章	名古屋大学大学院工学研究科・物質制御工学専攻(4, 7.1)
熊坂　　崇	(財)高輝度光科学研究センター・構造生物グループ(2)
小畠　英理	東京工業大学大学院生命理工学研究科・生命情報専攻(7.3)
＊田中　信夫	東京工業大学名誉教授(1)
丹治　保典	東京工業大学大学院生命理工学研究科・生物プロセス専攻(7.4)
中村　　聡	東京工業大学大学院生命理工学研究科・生物プロセス専攻(5.3, 5.4)
福居　俊昭	東京工業大学大学院生命理工学研究科・生物プロセス専攻(5.1, 5.2)

まえがき

　生命はとても巧妙で複雑です．地球上ではいろいろな生物が生まれ死んでいきますが，消えてしまうことはなく，やがて，次の世代が現れてきます．生物をじっくり調べると，生命はよく知られた多くの化学反応から成り立っており，それらが巧妙に組み合わさっていることがわかります．しかし，複雑な化学反応を集めただけでは生命は生まれてこないので，生命とはなにかという不思議を解くため生命科学が発展しました．20世紀の後半には，多くの研究技術の進歩とともに，生命の研究が飛躍的な進歩を遂げ，分子生物学，タンパク質工学や遺伝子工学などの新しい分野が発展し，現在では病気の治療などにもこれらの知識が応用されるようになりました．

　このように生命の不思議な力を研究するとともに，工業に利用してより価値のあるシステムを作り，人類の発展や福祉に貢献するために，理学と工学の融合をめざした生命理工学が出現し，多くの大学，企業で教育が行われるようになりました．しかし，教育のための教科書として，生命理学，生命工学の各々についてはいろいろとすぐれた本がありますが，その両者を融合した生命理工学の教科書があまりみられないのが現状です．このため，生命理工学の最近の発展を紹介し，生命理工学の教育のための教科書として，シリーズ「バイオ研究のフロンティア」の発刊を計画し，その一冊目として本書「環境とバイオ」を企画・編集しました．

　近年，環境の保全が強調されています．これは，生物あるいは生命の発展が，環境に左右されるからです．地球温暖化などの環境破壊が南極の氷河や北極の氷塊を溶かし，その結果として，陸地が水没するということはわかりやすいけれども，実際には，環境の変化は生命にもっと大きな影響があるので，生命がいかに環境の変化に対応してきたかを知らなければなりません．本書では，このような立場から，現場で実際に教育にあたっている執筆者の方々に，生命の環境とのふれあいとともに，基本的な知識から実際のその利用をめざした工学などをまとめていただき，生命理工学の入門書とすることを目標としました．

　なお，本書はすずかけ台出版準備会において企画・編集いたしましたが，準備

まえがき

会の中心となった太田一平氏には多大の貢献をいただきました．また原稿の校正，索引作りなどには，生命理工学研究科大倉研究室の栢森綾さんにお世話になりました．この場を借りて，厚く御礼申しあげます．

2008年1月

東京工業大学名誉教授
田中　信夫

目　次

執筆者一覧 ……………………………………………………………………………… iii
まえがき ………………………………………………………………………………… v

1　生物と環境 …………………………………………………………………… 1
1.1　生物の出現 ………………………………………………………………… 2
1.2　生物を作っている化学物質 ……………………………………………… 3
1.3　バイオと工業 ……………………………………………………………… 4
1.4　バイオの研究方法 ………………………………………………………… 5

2　生命科学・環境科学の進歩 ………………………………………………… 7
2.1　物質と生命と環境の調和 ………………………………………………… 7
2.2　諸学の発展と生命の探求 ………………………………………………… 9
2.3　物質としての生物 ………………………………………………………… 10
　　2.3.1　核酸——生命の情報を担うもの ………………………………… 11
　　2.3.2　タンパク質——生命の活動を担うもの ………………………… 13
　　2.3.3　糖質——エネルギー源 …………………………………………… 14
　　2.3.4　水——囲い込まれた海 …………………………………………… 15
　　2.3.5　脂質——生命と外界を区切る …………………………………… 16
　　2.3.6　無機物——生命が作りえないもの ……………………………… 16
2.4　要素の関係性 ……………………………………………………………… 17
　　2.4.1　エントロピーと自由エネルギー——システムの乱雑さと反応の駆動力 …… 17
　　2.4.2　ATP——生命反応のエネルギー通貨 …………………………… 18
　　2.4.3　代謝——小宇宙としての生命 …………………………………… 19
2.5　生命と生命，地球と生命——環境科学への展開 ……………………… 20
　　2.5.1　生物個体間のネットワーク ……………………………………… 20
　　2.5.2　生命の生いたち …………………………………………………… 21
　　2.5.3　生命の拡大と環境の操作 ………………………………………… 23

目　　次

 2.6　学問・社会の進歩と持続可能な社会 ……………………………… 24

■3　バイオと環境適応 …………………………………………………… 25

 3.1　生命と環境の相互作用 ………………………………………………… 25
 3.2　生命の環境に対する適応 ……………………………………………… 26
 3.3　温度環境と適応 ………………………………………………………… 27
  3.3.1　低温に対する適応 ……………………………………………… 27
  3.3.2　凍結に対する適応 ……………………………………………… 30
  3.3.3　高温に対する適応 ……………………………………………… 30
 3.4　酸素に対する適応 ……………………………………………………… 30
 3.5　水分環境と適応 ………………………………………………………… 34
 3.6　栄養飢餓に対する適応 ………………………………………………… 36

■4　生物と金属イオン …………………………………………………… 39

 4.1　タンパク質と補酵素 …………………………………………………… 39
 4.2　金属タンパク質と金属酵素 …………………………………………… 41
  4.2.1　鉄イオン ………………………………………………………… 44
  4.2.2　銅イオン ………………………………………………………… 45
 4.3　酸素の貯蔵と運搬 ……………………………………………………… 47
 4.4　電子伝達タンパク質 …………………………………………………… 51
  4.4.1　鉄-硫黄タンパク質 ……………………………………………… 52
  4.4.2　ブルー銅タンパク質 …………………………………………… 55
  4.4.3　シトクロム ……………………………………………………… 55

■5　極限環境に生きる生物 ……………………………………………… 59

 5.1　好　熱　菌 ……………………………………………………………… 59
  5.1.1　好熱菌の生育特性 ……………………………………………… 62
  5.1.2　好熱菌のゲノム解析 …………………………………………… 64
  5.1.3　高温環境適応機構 ……………………………………………… 65
  5.1.4　好熱菌由来耐熱性酵素の応用 ………………………………… 72
 5.2　低温菌(好冷菌，耐冷菌) ……………………………………………… 73
  5.2.1　低温環境適応機構 ……………………………………………… 73
  5.2.2　低温酵素の応用 ………………………………………………… 74
 5.3　好塩性微生物 …………………………………………………………… 75

　　　　5.3.1　好塩性微生物の定義と分類 ………………………………………… 75
　　　　5.3.2　好塩性微生物の高塩濃度環境適応機構 ……………………………… 77
　　5.4　好アルカリ性微生物 ……………………………………………………… 83
　　　　5.4.1　好アルカリ性微生物の定義と分布 …………………………………… 83
　　　　5.4.2　好アルカリ性微生物のアルカリ性環境適応機構 …………………… 84

6　健康と環境 …………………………………………………………………… 89

　　6.1　環境要因とは ……………………………………………………………… 90
　　6.2　栄養について ……………………………………………………………… 90
　　6.3　遺伝と疾患 ………………………………………………………………… 92
　　6.4　遺伝要因と環境要因 ……………………………………………………… 92
　　6.5　パーキンソン病とは ……………………………………………………… 94
　　　　6.5.1　パーキンソン病における遺伝要因 …………………………………… 96
　　　　6.5.2　パーキンソン病における環境要因 …………………………………… 96
　　　　6.5.3　チロシン水酸化酵素とパーキンソン病 ……………………………… 98
　　　　6.5.4　パーキンソン病と化学物質 ………………………………………… 100
　　　　6.5.5　パーキンソン病発症環境要因の探索法 …………………………… 102

7　生物の利用と環境 …………………………………………………………… 105

　　7.1　生体内環境の維持 ………………………………………………………… 105
　　　　7.1.1　シトクロム P-450 の役割 …………………………………………… 105
　　　　7.1.2　ハロゲン化炭化水素の分解 ………………………………………… 109
　　　　7.1.3　C1 サイクル ………………………………………………………… 111
　　7.2　生体触媒の利用──メタンからメタノール合成を例として ………… 112
　　　　7.2.1　バイオ触媒による水からの水素製造 ……………………………… 113
　　　　7.2.2　菌体を用いるメタノール生産 ……………………………………… 114
　　7.3　生細胞による環境モニタリング ………………………………………… 116
　　　　7.3.1　微生物による環境汚染物質の検出 ………………………………… 116
　　　　7.3.2　細胞バイオセンシングシステム …………………………………… 120
　　7.4　排水処理への応用 ………………………………………………………… 124
　　　　7.4.1　活性汚泥法 …………………………………………………………… 124
　　　　7.4.2　栄養塩の除去 ………………………………………………………… 127

参　考　書 ………………………………………………………………………… 129

目　次

あとがき……………………………………………………………131
索　引………………………………………………………………133

1 生物と環境

　人間が幸福な生活を送るためには環境と生物の研究は非常に重要なもので，これまで多くの研究が行われてきた．パスカル(B. Pascal, 1623～1662)によれば，「人間は考える葦」であるが，「考える」とはどういうことだろうか？　人間以外の他の生物はどうだろうか？　物質的には，生物には「考える」中枢として脳があり，神経を伝わってきた情報によって「考え」ている．猿や馬などの動物には「考える」能力があり，彼らの社会を作り，彼らの文化をもっていることは疑いのないことである．それでは，脳のない細菌(バクテリア)ではどうだろうか？

　彼らには決まった「考える」中枢はないが，「初期の思考」があるので，人間などの他の生物に寄生して繁殖し，増殖する能力をもっている．このように考えると，「考える」ことは地球上で自分たちが子孫を残すことから始まり，直接には子孫を残すことには関係していない「文化」を作り出すことになったと考えることができる．それでは生物が生まれながらにしてもっている「本能」は，「考える」ことをしていないのだろうか？　多分，ほとんどの生物では「本能」に従って，その能力を最大限に引き出すよう「考えて」エネルギーを使っているので，そのエネルギーの供給を合理的に行えることがたいせつである．

　では，生物とはどんなものだろうか？　非生物と生物の境界はどこにあるのだろうか？　生物とは，自分だけで自分と同じものを作り増殖する自己複製能力があるといわれている．しかし，複製の際に，全く同じものだけを作るのではなく，自分の環境などに適応できるよう少しだけ変化したものを作ることも

ある．このように考えると，人間などの高等生物から細菌までは生物であるが，ウイルスは自分だけでは増殖できず，他のものに寄生しなければ生きていけないので，生物ではないと考えられている．

生物は水と生命を伝える遺伝子，生命を支えるエネルギー獲得するためのタンパク質と，その他の小分子からきている（2章）．生物が生命を伝えるために「遺伝子の複製」を行うことになり，地球の初期には，細菌の分裂でもみられるように，自分に遺伝子を複製して分裂し増殖していたが，後に別の固体からの遺伝子を混合し少しづつ変化して，環境変化に対応した．そして，最初は単細胞であった生物が，長い年月をかけて人間のような複雑な生物へと進化した．増殖には常に一対の雌雄の遺伝子が必要なため，生物に集団が生じ社会が形成されるようになってきた．そして，生命を維持するためには莫大なエネルギーが必要であり，その獲得のためにタンパク質という分子が作られたが，その成り立ちも環境の変化に応じて姿を変えてきた．このように，生物を形づくっている部品を科学の立場から研究することが，生物の研究にとって非常に重要である．また，いろいろな働きの生物を工業的に利用するためにも，科学的な研究は不可欠である（7章）．したがって，本書では，人間などの生物と環境のふれあいを議論するために，物質としての生物と環境との関係について述べる．

1.1 生物の出現

読者がちょっと見回すと，地球にはいろいろな生物が満ちあふれていることがわかる．そして，納豆や酒など生物の作る食物がたくさんみられる．現在では，これらの生物は，地球上にはじめて現れた生命体から変化して生まれたと信じられている．今から約40億年前に地球が生まれたときは，非常に高温で生命が誕生できる環境ではなかった．しかし，地球は徐々に冷却し，やがて稲妻や太陽光線のエネルギーを利用して，水などの多くの化学物質が合成され海が誕生したが，生命はこのようにしてできた海から生まれてきたと考えられている．そのような地球上での環境の変化によって生まれた生命は，それを取り囲む環境に影響されて，環境によく適応するように姿形やその中身を変化し，いろいろな生物が誕生した．このことを進化という．

これまで，生物は地球の環境の変化に応じて姿形を変えてきた．初期のころは，空気には硫化水素などの濃度が高かったので，硫化水素を取り込み，その化学エネルギーを利用する生物が大繁殖し，その痕跡は現在でもみることができる(5章参照)．一部の細菌は，その結果として，排泄された酸素と地球上に降り注ぐ太陽光線のエネルギーを利用してエネルギーを得るように変化し，他の生物に共生し，我々がもっているミトコンドリアの先祖となった．このように，我々の先祖は自分自身を変化させるとともに，他の生物や化学物質を取り込んで働きを高めてきた．また，生息の環境にとって不必要なものは取り除くという努力も行ってきた(3章)．

　生物は，環境から最も効率よくエネルギーを獲得するよういつも変化しているが，このためには，地球環境がゆっくりと変化しなければならない．もし，氷河期のような過激な環境の変化が起こると，以前の環境では繁栄していたグループの大部分の生物が死に絶え，その変化を乗り越えることができる別のグループの生物しか生き残れない．

1.2　生物を作っている化学物質

　生命とは自分と同じものを作る能力で，生命を担っているのが生物である．化学物質がたくさんできると，それを利用して最初の生命体が生まれたと考えられているが，最初の生命体は非常に簡単なものだろうと予想されている．しかし，非常に簡単なものであるが，それを構成する化学物質の種類は，人間の場合とそんなに変わっていない．細菌でも人間でもいちばん多いのは水で，それ以外には，タンパク質や遺伝子とよばれる物質で構成されている．タンパク質は，20種類のアミノ酸が化学結合によってペプチド結合でつながったものである．グリシン以外のアミノ酸はD-，L-といわれる2種類の光学活性分子があるが，ほとんどのタンパク質はL-アミノ酸を利用している．タンパク質は，取り込んだ化学物質に作用して，エネルギーを得るために働いたり，生物が生きていくために必要な物質を作ったりするが，アミノ酸の配列順序によって，その働きが決まる．もちろん，ある働きを示す分子のアミノ酸の配列がひととおりでなく，実際には，その形が同じであればよいことが，最近の研究からわ

かってきている．遺伝子は，4種類の核酸とよばれる物質がつながったもので，生命を次の代に伝えるための情報を蓄える．しかし，遺伝子では3つの核酸を利用して1つの情報を伝える．遺伝子は，次の世代に同じものを伝えるのが種の保存にはたいせつだが，地球の温度などの環境が変化したとき，親と全く同じ生物を作るよりは，少しだけ変わったほうがよい場合があり，環境の変化に応じて生物は変化していく．変化は少しだが，長い時間がかかると，見かけ上大きな変化となり，地球上にいろいろな生物が生まれていったと考えられている．しかし，遺伝子が変化しないと環境が変化したときに順応できず，生命を保つことができない．遺伝子を作るのは酵素とよばれるタンパク質であるが，タンパク質は遺伝子の情報から作られ，どちらが欠けても生命体を作ることができない．このように，遺伝子とタンパク質は鶏と卵のような関係にあるので，環境の変化により遺伝子が変化し，新しい環境で活力のある生物が生き残る．

　生物を作っている物質はまだまだたくさんある．最初に生まれた生物ではみられないが，何十億年もかけて進化した生物では，生命のためのよい環境を守るため，細胞膜といわれるものができてきた．その材料として，糖がつながったデンプンや油の重合体である脂質がある．さらに，タンパク質の働きを強化するため多くの金属イオンがあり，太陽光線を捕らえるための色素物質が見いだされている（4章参照）．

1.3　バイオと工業

　人間は，熱が出たり痛みを感じたりして病気に苦しむが，その原因は，やはり侵入した病気を引き起こす物質が人間のもつ分子に働き，人間の分子が正常に働くことができなくなって，病気が引き起こされることによる．近代工業の発展によって，これまでなかった物質がこの世の中に現れており，偶然にも，自然に存在する分子と類似した物質が微量でもあると，生物はまちがえて取り込み，病気を引き起こすことになる（6章）．

　病気になると，薬を飲んだり注射をしたりするが，薬も生物の分子に働いて病気を治療する．新しい薬の開発を創薬というが，たいへんむずかしく，現在ではバイオの研究に基づいて開発されている．生物を作っている分子の中には，

生物の外でも困難な化学反応を容易にする分子があるので，その働きを工業的に利用することも試みられている．たとえば，最近の洗剤にはプロテアーゼやセルラーゼが混ぜられており，洗剤の働きを高めている．

1.4 バイオの研究方法

　分子生物学などの出現以前は，植物であるか動物であるかなどと，生物の形や生息している場所などで分類した．細菌もその形から球菌や桿菌などとも分類して，その性質や機能などが外側から研究されてきた．最近の研究では，生物がどのような分子から作られているかを調べ，個々の分子の働きを明らかにすることによって，生物の働きを検討する方法が盛んになった．このような研究方法は分子生理学とよばれ，内側から生物を研究する方法である．そのためには，生物がどのような遺伝子やタンパク質でできているかを調べなければならず，遺伝子における核酸の配列や，タンパク質におけるアミノ酸のつながり方を調べる生化学の研究とともに，生物を研究する重要な方法である．これらの分子で実際に起こっていることは化学反応である．生物にある分子どうしが互いに接触して新たな働きを作り出し，外から取り込んだ分子に作用するので，このような研究を通じて互いの分子がどのように相手を認識するかを理解し，生物の働きを理解する．

　工業的に有用な物質は，主として土壌に生息している細菌を収集して分析することから発見できる．このため，温泉などの高温環境に生息する菌を研究対象として，有用な物質を発見することがよく行われる．ペニシリンなどはこのような方法で発見され，人類の幸せにおおいに貢献した．

2 生命科学・環境科学の進歩

2.1 物質と生命と環境の調和

　紬織や草木染めですばらしい作品を残されている人間国宝の志村ふくみさんは，自然の美しさをたたえた文章を認める方でもある．「色と糸と織と」は，志村さんが染めた糸を使って機を織る知人にあてた六信の手紙をまとめたエッセイである（一色一生，講談社文芸文庫(1994)）．この手紙の中で，用件を伝えるだけではなく，染色においての自然のかかわりを伝えている．

　この中に，梅林の所有者からたくさんの梅の枝をもらい，それを使った染物に明け暮れているという件がある．『トラック一杯にあった梅の枝の半分以上は，焼いて灰にしました．梅には梅の，桜には桜の灰で媒染するのが最もよいとされているのですが，なかなかそんな条件に恵まれませんでしたが，今回はたっぷり灰がとれました．灰に熱湯を注いで上澄液をとり，その灰汁に糸をつけますと，梅は自身の灰の中でやすらいでいるようでした．』

　自然を尊ぶ古来の日本文化において，草木染めは糸が花と同じ色で染まることを期待し，実際一般にはそのように染まるようである＊．その天然染料をと

＊染物は衣類の美しい色を楽しむもので，必ずしも花と同じ色を期待するものとはいえないだろう．実際に西洋式の染色では，天然染料の媒染には灰ではなくミョウバンなどの金属イオンを含む化合物が使われ，色素の発色と繊維への定着を効率よく行う．しかし日本古来の染色では，染料のもつ特徴を生かすということに力点をおく考え方もあるようだ．

るときに花弁を使うこともあるが，むしろ枝などのほうがよい場合が多いという．不思議な気もするが，花の色を作る色素はそもそも植物自体が生産するので，枝に含まれていても不思議はない．発色してしまった花の成分ではなくて，枝に含まれている成分が媒染によって発色するときに繊維に定着するということらしい．また，美しい色が得られるかどうかは，それを浸す水の性質にも関係するだろうことは想像にかたくない．「梅には梅の」という言葉の中には，自然の働きを生かす思想があるように思われる．梅の灰汁の中には，梅が利用したり作ったりしたさまざまな物質も溶け込んでいる．生物は複数の要素からなっていて，それらが有機的に関係しあって存在している．色素の働きをよりよく利用するには，「梅には梅の」要素どうしが働きかけるのがよいというのが，染色家の経験に基づいた結論なのであろう．

ところで，このように個が集まって全体としてまとまった機能をもつ集合体をシステムというが，生物個体は生命を維持するという目的（この目的が自発的かどうかはいざ知らず）に基づいて，多くの物質からなっているシステムである．視点を変えて，地球環境を要素＝物質として眺めると，物質の循環のネットワーク＝システムとしてとらえることができる．つまり，視点を変えてみると，やはりそこにはなんらかのシステムが存在するということになる．それぞれのシステムは，それぞれのルールに従って営まれ続けている．それらは並立し，対立し，協調し，ときには階層構造をなしている．というよりは，全体として動いている何かをある部分や目的に視点を合わせてみたときに，ある特定のシステムが浮き上がってくるのかもしれない．視点が見えるルールを決めていて，視点からずれたものは不規則な乱れとして目に映るのだろうか．

このことは，われわれが1つの目的に基づいて何かをなそうと考えて行動したとしても，それは1つのシステムの範ちゅうに過ぎず，それ以外の視点からは必ずしも意にそぐわないということになる．日本では1960年代前後に高度経済成長を迎えたが，その成長の華やかさの裏側で環境破壊と公害が猛威を振るった時期でもあった．であるからこそ，われわれは，自分の空間だけではなく自分達が生きているシステム（生命と環境）のしくみについても，注意を払っておく必要もあるのではないだろうか．

2.2 諸学の発展と生命の探求

さて，システムを理解するためにわれわれの住む世界の構成要素を特定しようとする試みは，古代思想にもみられる．古代ギリシアではさまざまの説が唱えられたが，エンペドクレス(Empedocles, BC490～430頃)が諸説を統合し，「アルケー(始原，arche)は水，空気，火，土からなる」とする四元素説に至る．これらの元素(elements)が会合・循環・流転して，形ある物を成していると考えられた．古代インドでも同様の4つの要素が元素であるとされた．中国には五行説とよばれる哲理において，木，火，土，金，水の5つの元素があるとされた(図2.1)．五行説では，生命体である「木」が含まれ，「空気」が省かれているのが特徴的であるが，いずれにしても，どれも現代の環境問題でも注目される欠くことのできないたいせつな要素である．

図2.1 五行：木・火・土・金・水．古代中国では万物は五行からなると考えられた．

その後，中世の錬金術者の活躍を契機に，ラボアジェ(Antoine Lavoisier, 1743～1794)による33元素の提唱や，ドルトン(John Dalton, 1766～1844)の原子説によって，物質の構成要素が説明されていく．こうして，ものごとは最小単位(この場合は原子)から構成されているとする還元主義的な考え方が，自然科学の方法論として定着する．しかし，当時の物理学的かつ化学的な唯物論では，生命の複雑さをすべて説明することができなかった．このため，生命は物質のみで構成されているだけではなく神秘的な力で作られるとする生気論や自然発生説の呪縛に長くとらわれた(もちろん，今でもこれは科学的な立場からの一方的な見解かもしれない)．ただし，他方で豊穣な自然を詳細に書き表す試みは進められた．世の事物と要素の循環や移り変わりについて，網羅的分類・記載を中心とした博物誌(博物史，博物学，natural history)が開花する．さらに，分類学の深化に伴って動物学・植物学・地質学・鉱物学に分化した．生命の研究は，これらの成果を受けてパスツール(Louis Pasteur, 1822～1895)による自然発生説の否定，ダーウィン(Charles Darwin, 1809～1882)の進化論の提唱，メンデル(Gregor J. Mendel, 1822～1884)の遺伝法則の発見などに結びつき，これらが契機となって実験科学へと変貌して，生物学として展開をみせた．

19世紀末から20世紀初頭にかけて，物理学における理論的展開，特に量子力学の発展によって，物質の構成原理が説き明かされた．このことは，還元主義的唯物論者を勇気づけ，生命研究の物理学的かつ化学的アプローチを鼓舞することになる．量子論の基本方程式に名を残すシュレーディンガー(Erwin R. J. A. Schrödinger, 1887～1961)が，「生命とは何か」を著して，分子生物学への道が開かれた．

2.3 物質としての生物

生命現象を眺める際には，スケールに応じていくつかの段階がある．分子生物学は，生命をDNAや酵素などの物質とその化学的相互作用によって記述しようとする学問である．ここに登場するのは，分子量が大きく複雑な構造をもった高分子(ポリマー，polymer)をはじめとした，さまざまな物質である．

2.3 物質としての生物

2.3.1 核酸——生命の情報を担うもの

メンデルが遺伝子の存在を示唆して以降，その働きを担っている物質の探求が始まった．モルガン(Thomas H. Morgan, 1866 〜 1945)らがショウジョウバエの交雑実験を行い，細胞中である種の色素によく染まる物質(染色体)が，遺伝子を担っていることが明らかになった．その後，フランクリン(Rosalind E. Franklin, 1920 〜 1958)が DNA の X 線回折像を収集し，ワトソン(James D. Watson, 1928 〜)とクリック(Francis H.C. Crick, 1916 〜 2004)による DNA 二重らせんモデルが提唱された．

核酸の 1 つである DNA(deoxyribonucleic acid)は，塩基，糖，リン酸からなるヌクレオチドを基本単位とし，糖とリン酸が結合した高分子の鎖である(図 2.2)．糖から分岐している側鎖には，アデニン(adenine, A)，グアニン(guanine, G)，シトシン(cytosine, C)，チミン(thymine, T)の 4 種類の塩基のいずれかが占め，その並び順(配列)は生命が保持している遺伝情報そのものであり，主としてタンパク質の設計図として利用される．DNA は塩基対を形成して二重ら

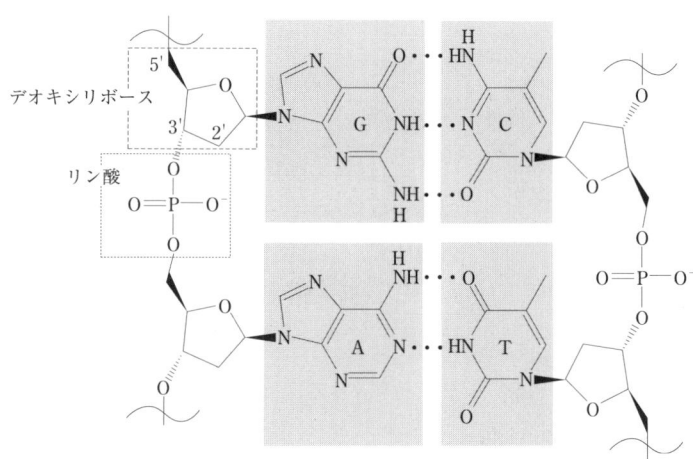

図 2.2 二重鎖 DNA の構造．高分子鎖はデオキシリボースとリン酸からなる主鎖と，塩基で構成される分岐した側鎖からなっている．塩基は他方の高分子鎖の塩基と水素結合で対になることができる．RNA では，デオキシリボースの代わりにリボース($2'$ 位に水酸基が付加)が使われる．

せん構造をとることで，化学的に安定化されて遺伝情報を守っている．DNA は安定な物質であるため，その性質を利用して直接操作・改変して生物に戻す操作，いわゆる遺伝子組換えを行うことができる．それに必要な遺伝子操作技術は，サンガー(Frederick Sanger, 1918～)らによる塩基配列の決定法の開発，制限酵素の発見やマリス(Kary B. Mullis, 1944～)によるPCR(polymerase chain reaction)法の発明などによって発展し，容易に目的の遺伝子を抽出し，増幅して利用することができるようになった．

DNAとともに遺伝情報を有しているのがもう1つの核酸，RNA(ribonucleic acid)である．RNAも4種類の塩基からなるが，DNAにおけるチミンの代わりに，その5'位のメチル基がないウラシル(uracil, U)をもつ．またRNAでは，DNAにおけるデオキシリボースがリボースに置き換えられた形をしている．このため，RNAはアルカリ性条件下ではリボースの2位の水酸基の求核性が増大するため，2'-3'環状エステルを生成する形での加水分解が速やかに進行する不安定な性質をもっている．このことから，RNAよりもDNAが遺伝情報を保持・蓄積するのにすぐれているが，即時性の高い遺伝情報の利用には，むしろRNAが用いられている．

生命現象において主役を演じているのは次項に述べるタンパク質であり，DNAの役割はその台本といったところだろうか．つまり，遺伝情報は細胞内のDNAに刻まれており，細胞が分裂する際にはDNAが複製されて，個々の細胞に受け継がれる．情報を利用するときは，DNAがいったんRNAに転写され，タンパク質に翻訳されるという流れをとっている．この流れは一方通行で，一部の例外を除いては逆に流れることはない．このルールは，セントラルドグマ(中心教義, central dogma)とよばれる生物の一般原理である(図2.3)．遺伝子は内

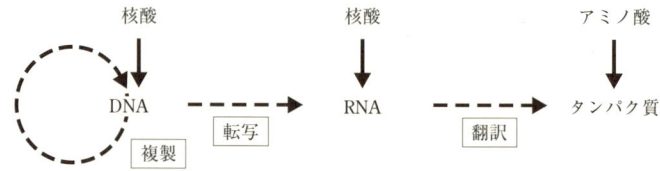

図2.3 セントラルドグマ．情報は一部の例外を除き，左から右に流れる．それぞれの生体高分子は核酸・アミノ酸から合成される．

外の要因で改変が起こることがあるが，多くの生命では遺伝子修復機能が働いて，この系を維持している．しかしひとたび修復機構をすり抜けると，その変化は一過性ではなくて，その複製が細胞の増殖とともに増えながら受け継がれ，将来にわたって細胞集団に定着してしまうことを示している．このように，生命は固定的なシステムではなく，改変を受容できる点に重大な意味がある．

2.3.2 タンパク質——生命の活動を担うもの

タンパク質は，基本単位であるアミノ酸がペプチド結合を介してつながってできた高分子である(図2.4)．アミノ酸はアミノ基とカルボキシル基をもつ化合物で，それらが不斉炭素原子に結合した構造が基本骨格である．これが脱水縮合して高分子鎖を形成する．この1本の高分子鎖をペプチド鎖とよぶ．タンパク質で利用されるアミノ酸は20種類存在するが，その違いは核酸と同様に不斉炭素原子から分岐した側鎖にある(図中ではR, R'で示す)．アミノ酸の詳細は，4.2節を参照されたい．

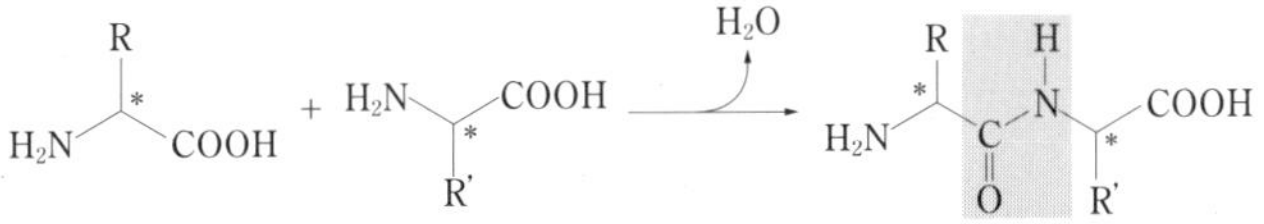

図2.4 アミノ酸の脱水縮合．R, R'は側鎖．*は不斉炭素原子を，灰色の部分はペプチド結合を表す．逆反応は加水分解である．

アミノ酸の配列はDNAに遺伝情報として蓄積されている．4種類の塩基から20種類のアミノ酸を作るために，コドン(3つの塩基の並び)が単位となっている($4^3 = 64 > 20$)．特定のコドンは，対応するアミノ酸に翻訳される暗号に対応している．この暗号表はあらゆる生物で同一であり，生命の起源が1つである根拠となっている．

元来タンパク質は不特定な構造をとると考えられていたが，前項のサンガーがインスリンを手始めにアミノ酸の配列(一次構造)を決定し，特定の構造をとることを示した．また，サムナー(James B. Sumner, 1887〜1955)による結晶化の成功と，ケンドリュー(John C. Kendrew, 1917〜1997)らによるX線結晶解析によって，タンパク質の立体構造が解析され，ペプチド鎖が特定の折り畳

```
  1 MSKIFDFVKP  GVITGDDVQK  VFQVAKENNF  ALPAVNCVGT  DSINAVLETA  AKVKAPVIVQ
 61 FSNGGASFIA  GKGVKSDVPQ  GAAILGAISG  AHHVHQMAEH  YGVPVILHTD  HCAKKLLPWI
121 DGLLDAGEKH  FAATGKPLFS  SHMIDLSEES  LQENIEICSK  YLERMSKIGM  TLEIELGCTG
181 GEEDGVDNSH  MDASALYTQP  EDVDYAYTEL  SKISPRFTIA  ASFGNVHGVY  KPGNVVLTPT
241 ILRDSQEYVS  KKHNLPHNSL  NFVFHGGSGS  TAQEIKDSVS  YGVVKMNIDT  DTQWATWEGV
301 LNYYKANEAY  LQGQLGNPKG  EDQPNKKYYD  PRVWLRAGQT  SMIARLEKAF  QELNAIDVL
```

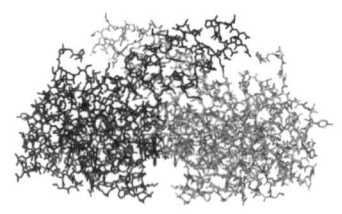 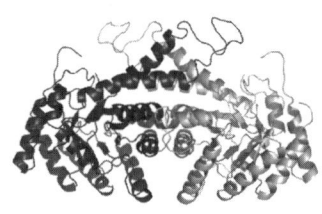

図 2.5　タンパク質．解糖系の酵素フルクトース-1,6-二リン酸アルドラーゼ(大腸菌由来)．(上)1文字表記で表したアミノ酸配列．1本の鎖は 359 残基からなる．(下左)立体構造(スティックモデル)，(下右)立体構造(リボンモデル)．2本の鎖がドッキングした構造をとっている．

み構造(三次構造)をとることが示された．図 2.5 に，解糖系の酵素のアミノ酸配列と立体構造を示す．この酵素は 2 本のペプチド鎖で構成されているのが特徴である．複数のペプチド鎖が寄り集まってできる構造を四次構造といい，複雑な構造をとることができるようになる．

　DNA では塩基配列が主要な関心であるのに対して，タンパク質は共有結合だけでなくイオン結合・水素結合や疎水相互作用によって折り畳まれた特定の三次構造がその働きと関係している，いわば分子機械である．タンパク質は働きによっても分類されているが，化学反応の触媒として働くものを特に酵素とよぶ．酵素は出発物質(基質)と相互作用して，化学反応の活性化エネルギーを低下させ，反応を速やかに進める働きをする．酵素には，特定の出発物質だけを選択的に反応させる機構(基質特異性)と，異なる酵素は同一基質に対して異なる反応を触媒する機構(反応特異性)の 2 つの特徴があるが，これらは，「鍵と鍵穴の関係」として示される．その鍵穴を提供するのがタンパク質であるが，基質である鍵を受け入れるための鍵穴は，タンパク質の立体構造によって決まることになる．

2.3.3　糖質——エネルギー源

　糖質は化学式 $C_n(H_2O)_m$ をもつ化合物で，炭水化物ともいわれる．最も単純

な糖質はグルコースに代表される単糖であり，その水酸基の脱水縮合によって，高分子を形成することができる．糖質も，高分子を形成する点で核酸やタンパク質と類似しているが，側鎖の配列だけで構造は一意に決まらず，1分子内に複数ある水酸基のどれが脱水縮合に供されるかにも依存する．また分岐することもできるため，1本の直鎖になるともかぎらない．

糖質は，光合成反応によって二酸化炭素(CO_2)と水(H_2O)から作ることができ，酸素(O_2)が副産物として得られる．この反応を媒介するのが緑色植物である．緑色植物の葉緑体は，光合成反応を司る色素タンパク質が光を吸収して化学エネルギーに変換し，ATPを作る(2.4.2項参照)．さらに，作られたこれらの物質のエネルギーを用いて，CO_2を固定化して有機物にする反応に供する．このように，太陽のエネルギーとCO_2およびH_2Oから糖を合成できる生物を，光合成独立栄養生物とよぶ．生物の栄養形式によって，炭素源としてCO_2のみを利用して生育できる生物を独立栄養植物とよび，炭素源として糖質などを外部から摂取する従属栄養生物と区別する．このように，糖質は安定でエネルギーの高い物質であるため，結果的に生物間のエネルギーのやりとりに利用されることになっている．中国の五行説では「木」の重要性をとらえている．木をはじめとする植物が，光合成によって生命のエネルギーである糖質を作り出していることを考えれば，その重要さについての認識は正しいといえるかもしれない．

2.3.4 水──囲い込まれた海

水は地球環境に最も多く存在している液体であり，さまざまの物質を溶かし込むことができる点が特徴的である．水分子は電気的に中性であるが，電荷の偏り(分極性)をもつ極性物質である．水素原子と酸素原子の電子を引き寄せる力の違いによって生じるこの偏りは，水分子間に電気引力をもたらし，強い相互作用(水素結合)を引き起こす(図2.6)．この性質によって，水の沸点は他の同属水素化物より高い．また，水の極性によって他のイオンや極性物質との相互作用が生まれ，これらをよく溶かすことができる．このような溶質を親水性物質とよぶ．他方，極性の弱い物質は水との相互作用が弱い．この性質を疎水性とよぶ．水溶液中では親水性物質は強い相互作用で集合するが，疎水性物質

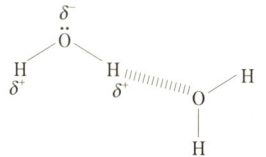

図 2.6 水分子と水素結合．酸素には孤立電子対があり，局所的な負電荷をもつ．水素の電子は酸素との結合に供され，水素自体は正電荷を帯びる．破線で表したこの電荷間に働く力を水素結合とよぶ．

はそれを避けて凝集する傾向がある．これを疎水性相互作用とよぶ．水のこれらの性質が生命の場を作っている．

2.3.5 脂質――生命と外界を区切る

脂質とは，生命が利用している物質のうち，水に溶けにくく有機溶媒に溶ける物質の総称であるが，最もよくみられる脂質では，加水分解によって脂肪酸（長鎖炭化水素の1価カルボン酸）を遊離するのが特徴である．それらの脂質はさらに，アルコールと脂肪酸のエステルである単純脂質と，糖やリン酸を含む複合脂質に分類される（図2.7）．脂質は高分子を作らない代わりに，水溶液中で疎水基の相互作用によって，安定な凝集体を形成する．この性質により，蓄積されやすい単純脂質はエネルギー貯蔵の役割を果たす．一方リン脂質は，分子内に親水的な官能基と疎水的な官能基をあわせもつところに構造的な特徴がある．この結果，水溶液中では疎水基が集合し親水基をその表面に並べるようなミセル状構造やシート状構造をとる傾向がある．このシート状構造は脂質二重層と称する細胞膜の主成分であり，外界と細胞内を区切る役割をもっている．

2.3.6 無機物――生命が作りえないもの

生物を特徴づけるのは，ここまで述べてきた有機物である．それらは，化学反応によって生物が自ら作ったものである．しかし，生物の利用する反応のいくつかは地球に存在する無機物の助けを得ている．特に生物が正常な生活を営むのに必要な塩類を，栄養塩類とよぶ．植物は，窒素・硫黄・リン・カリウム・カルシウム・マグネシウムの塩類を根や体表面から摂取し，さらに鉄・ホウ

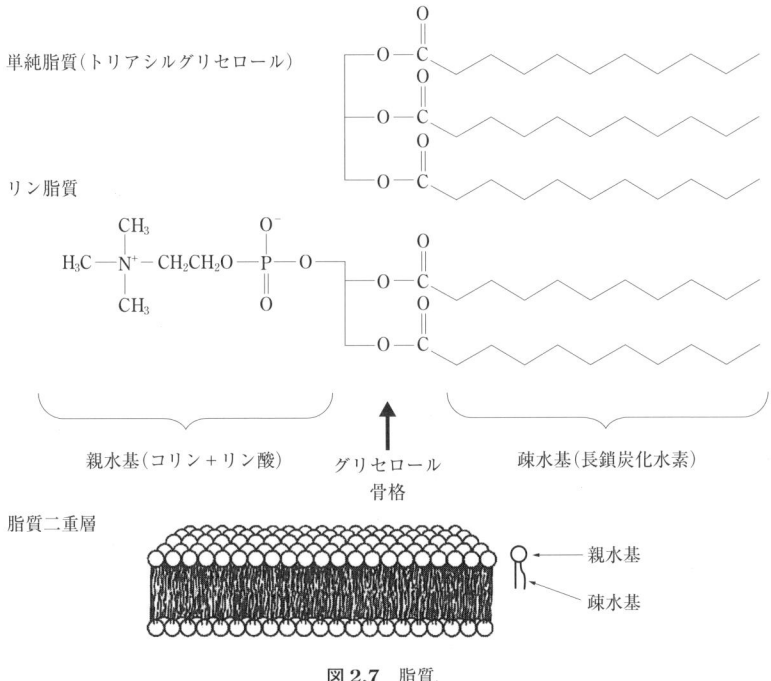

図 2.7　脂質.

素・亜鉛などの塩も微量に必要とする．肥料の三要素「窒素・リン酸・カリ」もここに含まれている．動物は以上の塩を食物から摂取し，その他，ナトリウムと塩素を多量に必要としている．一部のタンパク質の働きに，金属イオンは欠くことはできない．代表的な例として，酸素の運搬（鉄），加水分解反応（亜鉛），光合成反応（マグネシウム）がある．

2.4　要素の関係性

2.4.1　エントロピーと自由エネルギー──システムの乱雑さと反応の駆動力

　熱力学は，4つの法則「温度の定義」，「エネルギー保存の法則」，「エントロピー増大の法則」，「絶対エントロピーの定義」をもとにして，化学反応やエネルギー

の基礎を与える学問である．なかでも重要なエントロピーという概念は，システムの「乱雑さ」を表している．この乱雑さは，システムがもっているエネルギーのうち，他の目的に転用できず取り出せないエネルギーに対応している．このことは，蒸気機関が熱エネルギーを放散する過程で，自発的には起こらない仕事をすることの関係にあたる．

ところで，これまで述べてきたのは生命の構成要素であり，生命活動はそれら要素の動的なふるまい——化学反応——にある．一般に化学反応がどのように起こるかを決める「反応の駆動力」は，ギブズ（Josiah W. Gibbs, 1839 ～ 1903）が定義した自由エネルギーで評価できる．自由エネルギーとは，システムがもっているエネルギーのうち，エントロピーで示される転用不能な取り出せないエネルギーを差し引いた利用可能なエネルギーを意味している．

エントロピー増大の法則によれば，システムは自発的に乱雑な方向に変化していく．このため，生命は秩序だった組織（小さなエントロピー）を保つために，グルコースのような低いエントロピーをもつ食物を摂取し，化学的また電気的な仕事に変換するために放出されるエネルギーを使って，高いエントロピーの状態（CO_2, H_2O など）に変化させる．つまり，低エントロピー化反応をこの高エントロピー化反応と組み合わせる（「共役する」という）ことで，生命を維持するために作り出さざるをえないエントロピーを体外に放出して，生命体の系としてエントロピーを維持している．これは，世界全体の系としてエントロピーは減っていないが，生命体の系としては負エントロピーを摂取していることに該当する．このことは自由エネルギーで言い直せばより正確になる．自由エネルギーの高い物質は自発的に低い物質に変換し，エネルギーを放出しようとする．この反応を，自由エネルギーの低い物質から高い物質を合成する反応に共役させることができる．

2.4.2　ATP——生命反応のエネルギー通貨

さて，われわれの活動の主要なエネルギー源は糖質・脂肪・タンパク質である．脂肪はエネルギー貯蔵に，タンパク質やアミノ酸は他のタンパク質の合成に使われることもあり，通常のエネルギー源として利用されているのは糖質である．自由エネルギーの高い炭水化物を低い物質である二酸化炭素と水にまで

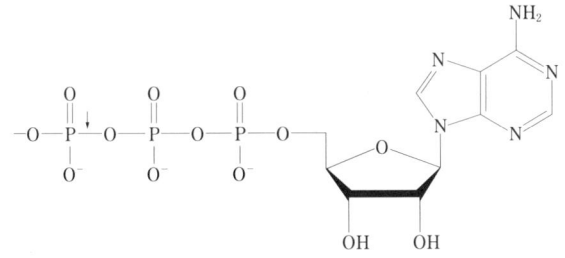

図 2.8 ATP. ATP の加水分解は水分子がリン酸に求核攻撃することで起こる．分解反応は矢印の位置で起こる．

分解する過程で，生命活動におけるエネルギー通貨である ATP（アデノシン 5'-三リン酸）を共役的に得る（図 2.8）．この物質がもつ高い化学結合のエネルギーが，生命活動に必要なさまざまな化学反応に利用されている．

糖の代謝経路である解糖系では，1 分子のグルコースが 2 分子のピルビン酸に酸化されるときのエネルギー変化（37℃の標準反応ギブズエネルギー）は $-147\,\mathrm{kJ\,mol^{-1}}$ であり，この際に 2 分子の ATP が生成する（図 2.9）．解糖系は酸素を要求しないが，細胞内小器官の 1 つであるミトコンドリアを有し，酸素を利用できる生物ではピルビン酸からさらに反応が進み，グルコースは最終的にそれぞれ 6 分子の二酸化炭素と水にまで燃焼される．その場合のエネルギー変化は $-2,880\,\mathrm{kJ\,mol^{-1}}$ であり，38 分子の ATP が生成する．なお，ATP がリン酸と ADP（アデノシン 5'-二リン酸）に加水分解されるとき，そのエネルギー変化は $-31\,\mathrm{kJ\,mol^{-1}}$ である．ATP は，生体内反応のエネルギーが必要なさまざまな場面で利用されている重要な分子である．解糖系においてさえ ATP のエネルギーを助けにしなければ反応が進まず，エネルギーを得ることはできない．

2.4.3　代謝——小宇宙としての生命

ここまで述べてきたように，生命はさまざまな物質を利用してさまざまな物質を生み出し，それをさらに利用し排出するシステムである．生体内の化学反応を代謝とよんでいるが，一連の物質に着目して反応の流れを追うと，さまざまに分岐し融合していることがわかる．2.4.2 に述べた解糖系もその一例であ

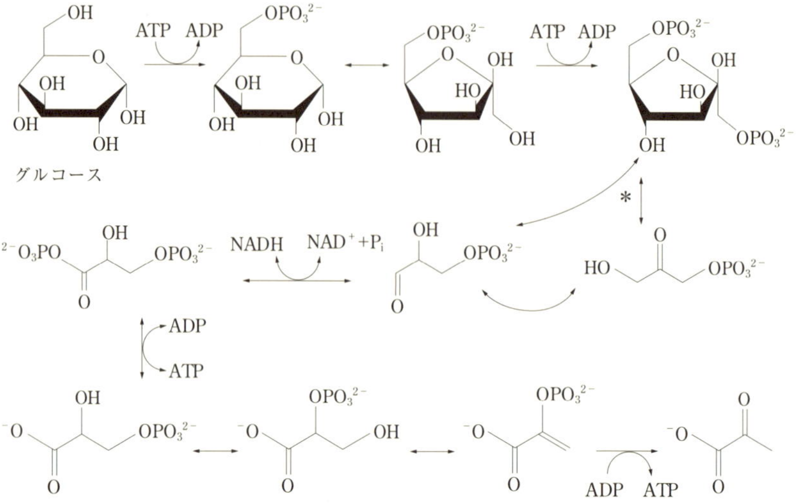

グルコース + 2ADP + 2P$_i$ + 2NAD$^+$ → 2ピルビン酸 + 2ATP + 2NADH + 2H$^+$ + 2H$_2$O

図 2.9 糖代謝—解糖系. 各反応はそれぞれの酵素によって触媒されている. 図 2.5 に示した酵素は, *で示す反応を触媒する.

り, グルコースから出発してピルビン酸に至るまで, 多くの物質を経由する（図 2.9 参照）. また, その反応を円滑に進めるために多種多様な酵素タンパク質が関与している. つまり, 酵素が反応の場を提供して物質から必要なエネルギーを取り出し, 自らの生命を維持し, かつ子孫を残すのに役だてている.

2.5 生命と生命，地球と生命——環境科学への展開

2.5.1 生物個体間のネットワーク

生物の世界を個体を超えた視点で眺めてみると, 植物・動物などが捕食関係にあり, 地球表層での物質循環を形成しているようにみえる. これを生態系とよぶ. この循環の始まりは, 太陽から降り注ぐエネルギーに基づいている. この太陽エネルギーによって, 植物は大気中の二酸化炭素を糖質として固定する

2.5 生命と生命，地球と生命

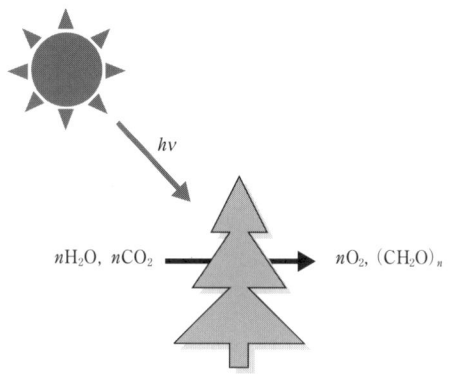

図 2.10 太陽エネルギーの利用.

（図 2.10）．この能力をもって生産者とよぶ．ただ，そのエネルギー変換効率はあまり高いとはいえない．したがって，餌を探して動き回る消耗をせずに，一箇所に留まっている．

草食動物は，このエネルギーとして固定された糖質を含む植物を多く食することによって，自らの生命を維持している．植物に比べれば餌を探すための運動能力が必要であり，糖質からエネルギーを取り出すコストのため，生育できる個体数は植物と比べて格段に少ない．さらに肉食動物は，動き回る草食動物を相手にするわけで，高い運動能力が求められるばかりか，猟の成功率も低い．この結果，さらに個体数が減ることになる．このように，植物が蓄積したエネルギーを利用する一連の生物を消費者とよぶ．動植物の排泄物や死骸は，分解者とよばれる微生物によってエネルギーが吸い取られ，二酸化炭素や水などの高エントロピーな単純な物質に変換されて，植物に再利用される．

2.5.2 生命の生いたち

前節までに述べてきたような複雑な生命のしくみは，どのようにして生まれたのか．そして，われわれの祖先はどのような生物だったのか．生物分類学の研究は，時間を同じくする共時論的な発想のみならず，古生物学的な通時論的研究，つまり時間軸に沿って歴史を眺める進化の研究と融合して，これらの問題に答えようとする．

まず，われわれを作っている共通の分子であるアミノ酸や核酸は，どのようして生まれたのか．オパーリン(Aleksandr I. Oparin, 1894～1980)は，化学物質が生物に進化する化学進化の考えを提唱した．原始地球には，水素(H_2)，水(H_2O)，窒素(N_2)，一酸化炭素(CO)，二酸化炭素(CO_2)，メタン(CH_4)，アンモニア(NH_3)などを成分とする大気が存在していたと考えられているが，それらを出発物質として複雑な化合物が生成したと考えたのである．ミラー(Stanley L. Miller, 1930～)らは，メタンやアンモニアを多く含む還元性混合気体に放電や紫外線照射して，アミノ酸の生成を確認している．その後の太陽系形成に関する研究で，原始地球の大気はもっと還元性の弱いものであったと考えられており，その場合のアミノ酸の収率は激減することが明らかとなっている．したがって，現実にはこれらの物質の蓄積には長い時間を要したであろうことがうかがえる．さらに，これらの構成物質が高温条件下で重合反応を起こして高分子になることも，実験的に示されている．これらの高分子の蓄積が生命の誕生につながったと考えられているが，まだ結論は出ていない．

さて，なんらかの形で誕生した生命は，自身を構成する化学物質を地球環境から受容して利用し，不要となるとそれを環境に放出する．地球誕生以来，このサイクルはさまざまの変化を起こしてきた．このような生命どうしや環境との相互作用が日々繰り返される中で，偶発的に生じる遺伝子の変化により，個体は違ったふるまいをみせることがある．生命の設計図が書き換わったことで，遺伝子の発現パターンやタンパク質の機能に影響を及ぼす．しかし，それが生存に不利でなければ集団に固定化されることもある．これが木村資生(1924～1994)によって提案された中立進化説である．この変化の頻度は，ある時間に一定の割合で起こっていて，偶発的な確率にすぎない．

ここで，上戸と下戸を区別するアルデヒド脱水素酵素について，このことを考えてみる．アルコールの分解過程で発生するアルデヒドは毒性があり，二日酔いの原因の1つである．この酵素はその毒性を解消する働きがあるが，この遺伝子の変異によってアルデヒドが蓄積しやすくなる．つまり，飲めない人がモンゴロイド系の人々に比較的多くみられる．しかしこの酵素の変異自体は，通常の生活に大きな支障をきたすことはなく，かえってアルコール依存症にならないという新たな可能性が生まれている．またノンアルコールな生き方は，

アルコールを介した人間関係やストレス発散に質的変化をもたらすかもしれない．それはそれまでの均衡の破壊であり，極端に言えば新しい意味の創造ともいえるかもしれない．その意味で，遺伝子の変異は生命に新しい展開をもたらすといってよいだろう．

2.5.3 生命の拡大と環境の操作

　植物の生産力が，維持できる生命の量を決めてしまうことは2.5.1で述べた．そうした植物の生産に欠くことができないのは肥沃な土地である．草食動物は摂取した植物を消化し，し尿を排泄するが，それを肥料として土地に還元することは，植物が作れない栄養塩類のリサイクルである．しかし，それだけでは土地の肥沃度が生命の量を決定するということになってしまう．しかし，水素と窒素からアンモニアを作る手法であるハーバー・ボッシュ法（Fritz Harber, 1868～1934；Carl Bosch, 1874～1940）が開発された結果，反応性が低く生命が利用不可能だった空気中の窒素を栄養源として利用することが可能となり，やせた土地でも食糧増産ができるようになった．その結果豊かになり，人口が増加した．その栄養が管理された農地との間で閉じている場合は周囲への影響はないが，現実にはそれは不可能で，流出することで過剰になった栄養がシステムに変化をもたらしているのではないかとの懸念がある．

　このような例に地球温暖化がある．焼畑農業と木材資源の利用は，森林を疲弊させる．木材は生育に時間がかかり，切ったあとで植樹しても，利用できるまでに数十年の時間を要する．そうした木材の枯渇が，非再生の化石燃料の利用を促すことになった．これを突き詰めた結果として，過剰な化石燃料の使用が起きたのがその一因とされている．これらに対策を講じなければ，環境の変化をもたらす．変化に追従できないものは消えていくことになる．イースター島やマヤ文明は，高度に進歩した社会が環境の役割を十分に認識できなかったために起きた自然破壊が原因で，崩壊したと理解されている．目に見える自然破壊にかぎらず，長期的な視点にたたない生命の拡大は環境を変化させる．その変化した環境が生命と対峙することもある．

2.6　学問・社会の進歩と持続可能な社会

　世界の探求は，われわれに多くのことを教えてくれる．われわれ人間の内的世界の現象である恐れが，世界の無知に由来する不安であるならば，世界の理解・認識が深まるにつれ，恐れが取り除かれ，生活はより平安で豊かになるだろうという期待が生まれてくる．これは，「世界を観察して動態を記述する（眺め）」態度である．しかし，そうして探求してシステムを把握した結果，世界に対する抑制が解け，生命を拡大しようという欲求が起こり，システムを操作しようとする．「世界を可能なかぎり操作する（介入）」態度である．現実にその結果として，われわれはさまざまな実りを得てきたと理解されている．

　ところで，自然を眺めた結果を学問とよぶならば，それは一定の理論に基づいて体系化された知識と方法であるから，ややもすると，その理論が適用可能な範囲を限定してしまう．たとえば，生物の物質科学的な側面に特に注意して生命を物質要素にさらに還元して考えようというのが，分子生物学・生化学である．狭義の生命科学が生命個体の生理現象を扱い，狭義の環境科学が地球の物質循環を扱うものだとすれば，その間にはまた別の学問が存在する．それぞれの学問はそれぞれに論理的一貫性を追求するから，他との関係性がないがしろにされることもあるだろう．そうであれば，その成果はあくまで融合までの一過程にすぎず，今という一時の観点にすぎない．その結果，それを利用して局所的かつ短期的な実りを得ることができるが，全体的かつ長期的にははたしてどうなのか．かといって，探求を止めてしまえば恐れは残るし，外的要因による変化に追従できない．われわれはすでに環境に対して行ってしまったことも含め，その変化の流れを止めることはできない．だから，全体的かつ長期的にどうかを問うこと，つまり世界と一体化する形で解決していかなくてはならないのかもしれない．それをめざすのが持続可能な社会である．どのような営みも何かを傷つける．しかし，それを救済しながら持続していく生命の力を，たいせつに考えたいものである．

3 バイオと環境適応

3.1 生命と環境の相互作用

　生命と環境の関係を考える場合，2つの大きな側面を考えなくてはならない．すなわち，環境が生命に与える影響と，生命が環境に与える影響である．われわれ生命は，当然のことながらそれを取り巻く環境の大きな影響下にある．しかし，生命と環境との関係はそのような一方向の関係ではなく，地球史の中では生命が地球環境に大きな影響を及ぼすことも頻繁に起こっている．その最も際たるものが光合成生物による酸素の発生だろう．われわれ好気性生物は，酸素を利用して呼吸により生活している．しかし，地球史の中で酸素は最初から用意されたものではなく，27億年前ごろを境に地球規模で起こった光合成生物による酸素の発生に依存する(図3.1)．そのころから地球上の至る所の海で発生した酸素発生型の光合成生物シアノバクテリア(ラン藻ともいう)が，地球上に膨大な酸素を生み出した．酸素は最初，当時の海に膨大に存在した鉄の酸化に用いられ，それが，現在どこにでもある縞状鉄鉱脈を生み出したといわれている．さらに鉄を酸化しつくした酸素は海から出て，大気の20％にも及ぶ酸素を作り出した．現在でも地球上の生物は，シアノバクテリアや陸上植物などの酸素発生型の生物が絶え間なく生み出す酸素の恩恵を受けている．一方，微生物による炭素，窒素，リンなどをもととする元素の循環も，その影響は甚大である．微生物はこれらの元素の循環に寄与することによって，大気中，海

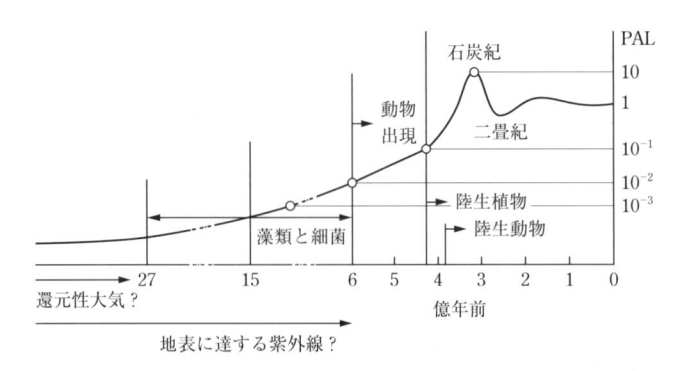

図 3.1 酸素の増加量.1 PAL は現在の大気中の酸素分圧(0.2 atm)を示す.
[松尾禎士,物質の進化(大島泰郎ほか編),化学総説 30,p.83,学会出版センター(1980)を改変]

水中,土壌中などの元素組成に大きく貢献している.局所的な環境に与える影響を考えると,赤潮の発生による海中酸素の枯渇などもあげられるだろう.このように,地球環境は生命現象がもたらす環境への影響を無視しては考えられない.

3.2 生命の環境に対する適応

生命はもともと進化の過程で環境に対する適応を幾度となく繰り返して,それが生物進化の原動力ともなっている.生物界を見渡すと,いわば生命は地球環境の変化とともに変化(進化)し,その変化が一方では地球環境の変化をも引き起こした.生命のシステムは,その形態が単純な場合,かえってすぐれた環境適応能力を有し,ある意味では人のように高度に発達した生命は,限られた環境の中でしか生きられない限界を有しているともいえる.環境適応という視点から言えば,微生物や植物は,自らのおかれている環境から大きく逸脱することができないため,環境適応能力を進化させることに大きなエネルギーを割いてきたともいえる.もちろん個々の種が対応できる環境には限界があるが,微生物や植物は,多様な種を作ることで,いろいろな環境に適応する子孫を残してきた.他方,人は,いまや環境適応における生物学的な進化をあきらめて

しまい，その部分を科学の発展で補おうとしているようにもみえる．

ここでは，おもに微生物や植物にみられるすぐれた環境適応能力を紹介し，その適応のしくみについて概説する．これら生物の環境適応の中でも，高温，高圧，高塩などの極限環境に対する適応に関しては，5章を参照されたい．

3.3 温度環境と適応

温度環境の変化は，生物に対してさまざまな形で影響を及ぼす．生体内の多様な代謝をつかさどる酵素は，一般的には常温付近に反応の至適温度を有しており，生命の生育できる温度範囲に大きな影響を与える．酵素は，45℃を超えるような高温域ではその構造を維持できなくなり（変性し），不可逆的に失活する．逆に低温域では反応が遅くなり，このような酵素反応の温度依存性が，生命の温度に対する適応性の大きな制限因子となっている．一方好熱菌や超好熱菌の酵素のように，酵素の中には至適温度を高温側にもち，高温環境に適応している酵素もある．このような酵素の高温適応に関して，詳しくは5章を参照されたい．

温度環境の変化が生命にもたらす影響（ストレス）を考える際，3つの温度領域に分けて考えなければならない．0〜15℃の低温がもたらす影響（低温ストレス）と，それ以下の温度がもたらす影響（凍結ストレス），さらに高温ストレスである．

3.3.1 低温に対する適応

微生物や植物が0〜15℃の低温に適応できない場合（低温感受性），低温にさらされたそれらの細胞の中で起こる最も大きな変化は，生体膜の状態変化である．生体膜は極性脂質の二重膜からなり，脂質の極性部分を外側に，疎水性部分を内側に向けた構造をもつ．常温で生息する真正細菌や真核細胞の生体膜を構成する脂質の主要な成分は，グリセロール骨格のsn1,2位に脂肪酸がエステル結合したグリセロリン脂質や，グリセロ糖脂質などのグリセロ脂質である（図3.2）．生体膜は常温付近ではある程度の流動性を保ち，膜の内部に存在する膜タンパク質などが自由に動きまわることができる場を提供する（ゾル相）．

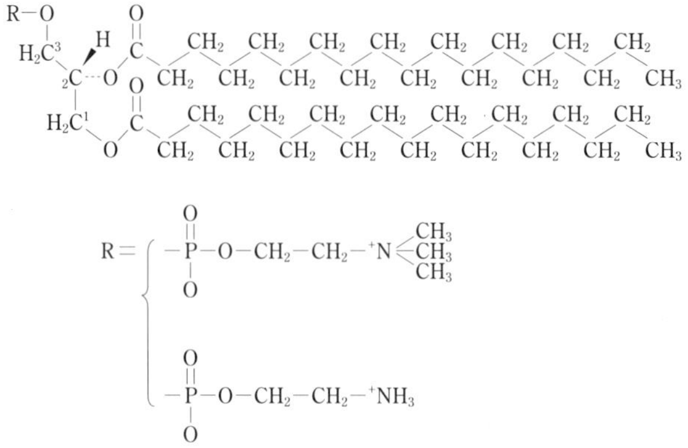

図3.2 真正細菌と真核生物のリン脂質の代表的構造.

しかし低温では，グリセロリン脂質やグリセロ糖脂質のグリセロール骨格に結合した脂肪酸部分が凝集して固体に近くなる(ゲル相)．この現象は冷蔵庫の中でバターが硬くなる現象と同じである．脂肪酸はその炭素鎖の長さや不飽和二重結合の有無によって，流動性のあるゾル相からゲル相へ転移する温度(相転移温度)が異なる．先ほどのバターは飽和脂肪酸を多く含む脂質で容易にゲル化するが，植物由来のマーガリンは不飽和脂肪酸を多く含むため，冷蔵庫でも硬くならない．生体膜の主成分であるグリセロ脂質は，異なる種類の脂肪酸種からなり，脂肪酸の分子種によってゲル相に移行する温度が異なるため，細胞が低温にさらされると，細胞膜が部分的にゲル相に移行し，ゾル相との間に相分離とよばれる状態を引き起こす(図3.3)．細胞膜がこのような状態になると，内部イオンの漏出を招くなど細胞にとって著しいダメージを受ける．このような状態を回避するため，微生物の一部や植物などでは，脂肪酸不飽和化酵素を用いて，膜に含まれている不飽和脂肪酸の割合を調節している．

それに対して，古細菌(アーキア)ではグリセロール骨格の sn2,3 位にイソプレノイドがエーテル結合したエーテル脂質からなる(図3.4)．地球上に最初に出現した生命は，好熱菌のように極限環境に生きられる微生物であったとされるが，このような極限環境微生物は，古細菌に属しているものが多い．もともとエーテル脂質は，その物理化学的性質から高温・高塩環境に強く，初期地球

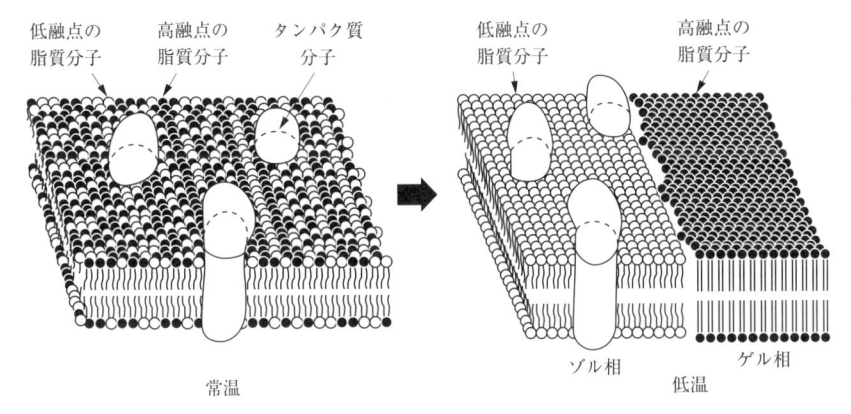

図3.3 相分離状態の生体膜のモデル図.
[田坂恭嗣，西田生郎，村田紀夫，植物の分子細胞生物学, p.207, 秀潤社 (1995) を改変]

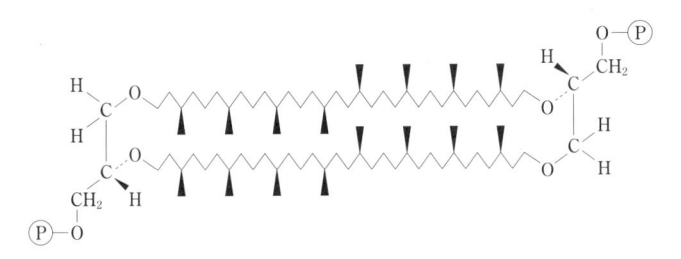

図3.4 古細菌のエーテル型脂質の化学構造. 3つの点で図3.2の脂質と異なる. 1)極性基のつく位置がグリセロールの1番の炭素原子である. 2)炭化水素鎖はエーテル結合でグリセロールに結合している. 3)炭化水素鎖が通常の脂肪酸でなく，規則的に枝わかれしたイソプレノイドである.

における生命の発生には大きな寄与をしたと考えられる．真核生物である高等生物は，16SrDNAの配列から作成した系統樹などから，真正細菌よりもむしろ古細菌に近いが，真正細菌と同じエステル脂質を主要な膜脂質としており，進化の過程のどこかでエステル脂質の獲得が起こったと考えられる．このことは，古細菌に似た真核細胞のルーツとなる細胞が，真正細菌の細胞内共生によりミトコンドリアを獲得した際に，エステル脂質の合成系も真正細菌から獲得し，ホストセルの細胞膜に用いるようになった可能性がある．すでに記したよ

うに，真正細菌由来の膜脂質はグリセロール骨格に脂肪酸をエステル結合しており，低温への適応性にすぐれている．このような高い低温適応性が，脂肪酸をエステル結合したグリセロ脂質を生体膜に用いるようになった大きな理由の1つであると考えられる．

3.3.2 凍結に対する適応

細胞が極度の低温にさらされた際にみられるストレスは凍結ストレスとよばれ，低温ストレスと区別される．凍結ストレスは複合的なものであり，低温によるさまざまな生理活性の低下，生体膜の損傷などに加えて，凍結時に水分活性が損なわれ，水欠乏時にみられるものと同様なストレスが生ずる．低温に強い植物や寒冷地の海に生息する魚類などでは，不凍タンパク質とよばれるタンパク質をもつことが知られており，このようなタンパク質が細胞機能の低下を防止している．不凍タンパク質は，水の凝結温度を低下させる機能をもつことが知られている．

3.3.3 高温に対する適応

さまざまな生物を高温にさらすと，ヒートショックタンパク質とよばれる一群のタンパク質の顕著な誘導が起こる．ヒートショックタンパク質には，シャペロンとよばれるタンパク質の構造形成(フォールディング)を介在するタンパク質が含まれる．高温時にはタンパク質の合成が急激に起こるが，この際，タンパク質の構造形成がうまくいかず，不完全な構造のまま合成されたタンパク質が不溶化を起こす．このタンパク質の構造形成を仲介するタンパク質がシャペロンである．

3.4 酸素に対する適応

シアノバクテリアなどの光合成生物の出現により酸素が大量に蓄積したことによって，地球上に好気性の生物が生まれるようになった．この酸素の発生は，当時の地球上で生命に大きなカタストロフィーをもたらした．好気性の生物が生まれる以前の地球は還元的環境にあり，嫌気性の生物が主役であった．その

ような生物にとって酸素はむしろ有毒であり，生物が積極的に酸素を利用するしくみを確立することにより，好気性生物の大発生が起こった．実際，われわれ真核細胞の呼吸器官であるミトコンドリアも，シアノバクテリアによる大量の酸素発生が行われるようになって以後の約20億年前ごろ，好気性の細菌であるαプロテオバクテリアが，真核細胞に細胞内共生することによって獲得されたと考えられている．しかし，酸化ストレスに対する適応の歴史はそれよりも古く，たとえば活性酸素消去系の酵素の1つであるスーパーオキシドジスムターゼ(SOD)の起源は30億年以上前にさかのぼるといわれており，生命の酸素ストレスとの戦いは，地球上の酸素の濃度が現在よりもかなり低い段階から始まっていた．完全な嫌気条件でないと生育できない偏性嫌気性菌は，このような活性酸素消去系をもたない．当時の嫌気性生物にとっては，ごく微量の酸素でも大きなストレスになっていたのかもしれない．

それではなぜ，酸素が生物にとってストレスになるのだろうか．この問題を考えるためには，酸素から発生するきわめて反応性の高い活性酸素種であるスーパーオキシドや過酸化水素，ヒドロキシラジカルについて考えなければならない．

酸素分子は偶数個の電子をもつにもかかわらず，同じ向きのスピンをもつ電子が同レベルのエネルギー順位をもつ反結合性軌道に1個ずつ入った基底状態をもつ(図3.5)．通常の分子は一重項状態が安定であるが，酸素の場合，基底状態が三重項になる．この酸素が一電子・二電子・三電子還元されると，それぞれスーパーオキシドラジカル，過酸化水素，ヒドロキシラジカルとなり，きわめて高い反応性を示す．それに対して，一重項酸素は酸素の基底状態よりも少し高いエネルギー順位をもつ酸素の励起状態であり，ラジカルとは異なるが，特に膜脂質を構成する脂肪酸の二重結合などに対して高い反応性をもっている．このような活性酸素種は，酸素を用いる生体反応において容易に発生する．

たとえば光合成においては，葉緑体に二酸化炭素が十分に供給される場合でも，光合成電子伝達の電子の約10％が活性酸素の発生に用いられると見積もられている．すなわち生命は，地球上に酸素というきわめて重要な物質を大量に得る代償に，反応性の高い活性酸素にさらされるリスクを負ったことになる．このような活性酸素を消去する酵素群として，スーパーオキシドジスムターゼ

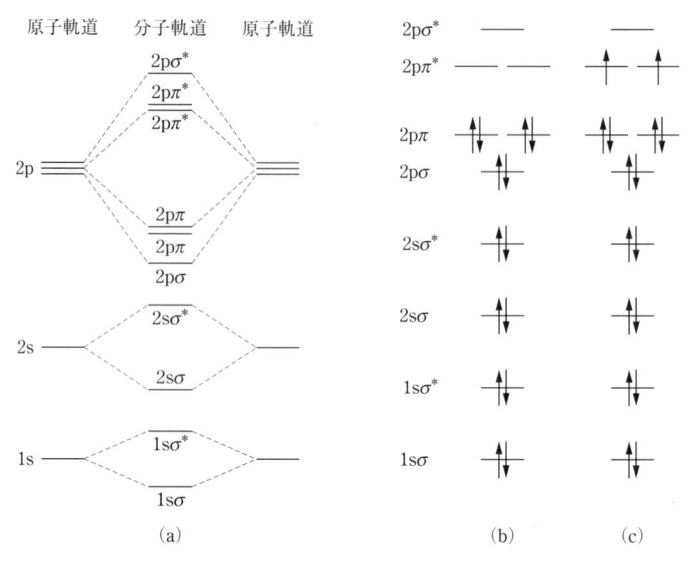

図 3.5 原子軌道から作られる分子軌道(a)，窒素(b)および酸素(c)の分子軌道のエネルギー順位図と電子配置．
窒素：$(1s\sigma)^2(1s\sigma^*)^2(2s\sigma)^2(2s\sigma^*)^2(2p\sigma)^2(2p\pi)^4$
酸素：$(1s\sigma)^2(1s\sigma^*)^2(2s\sigma)^2(2s\sigma^*)^2(2p\sigma)^2(2p\pi)^4(2p\pi^*)^2$

や，カタラーゼ，ペルオキシダーゼなどがよく知られている(図3.6)．特に，スーパーオキシドジスムターゼは，偏性嫌気性菌，乳酸菌を除き，通性嫌気性菌やすべての好気性生物に存在する酸素の不均化を触媒する酵素で，スーパーオキシドを過酸化水素と水に変換する．生成した過酸化水素は，さらにペルオキシダーゼやカタラーゼの反応により水と酸素に分解される．また，活性酸素による酸化反応に対する防御系として，低分子の抗酸化物質が存在する．生体内に含まれる低分子抗酸化物質として代表的なものは，アスコルビン酸，トコフェロール，カロテン，グルタチオン，フラボノイドなどである．特にアスコルビン酸，トコフェロール(図3.7)は人の抗酸化防止に重要な役割を担っており，人自身はこれらの成分を生合成できないが，ビタミンC，ビタミンEとしておもに植物などから摂取し，必須の成分として利用する．ビタミンCは水溶性，ビタミンEは脂溶性であり，それぞれが細胞内の可溶性画分，膜画分での活

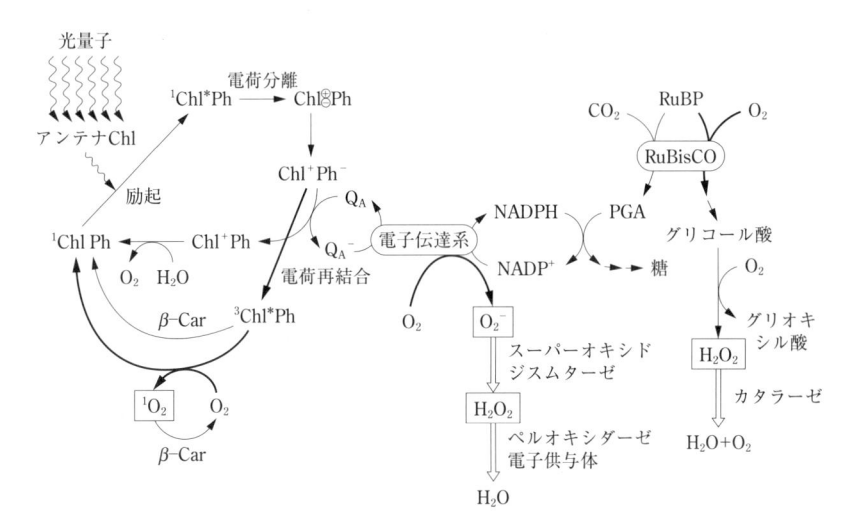

図 3.6 高等植物での光エネルギー過剰による活性酸素の生成とその消去.
[真野純一, 浅田浩二, 蛋核酵, **14**, 2239(1999)を改変]

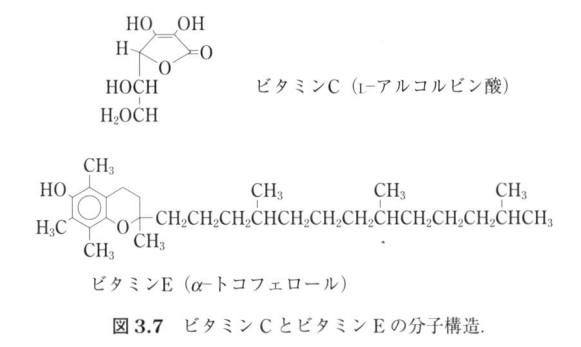

図 3.7 ビタミン C とビタミン E の分子構造.

性酸素・ラジカル類の除去に役だっている.

すでに述べたように,一重項酸素などの活性酸素種は特に膜に含まれる脂肪酸の二重結合に作用しやすく,ひとたび反応するとヒドロペルオキシド(LOOH)やアルコキシラジカル(LO・)を生成し,膜の中で連鎖的に活性酸素種の生成を引き起こす.このようなアルコキシラジカルは反応速度が速く,そ

の消去は酵素のような高分子成分では不可能といわれており，そのような脂質成分の過酸化の際に，脂溶性であるビタミンEの存在は不可欠である．

3.5 水分環境と適応

　生命にとって水は必須の成分である．人の場合でもその70%は水でできている．水分子は生体反応の基質，タンパク質の構造維持など，生体内でさまざまな役割を担っている．たとえば光合成反応において，水は電子供与体として機能している．水は安定な物質であり酸化還元電位も高いが，シアノバクテリアが水分子から電子を引き抜くための水酸化酵素を獲得したことによって，はじめて酸素発生型の光合成が可能になった．シアノバクテリアが地球上に出現する以前の光合成生物は，硫化水素などより酸化還元電位の低い物質を電子供与体としていたが，地球上に膨大に存在する水から電子を引き抜くことができるようになって，シアノバクテリアや高等植物のような光合成生物が，硫化水素などの電子供与体よりもはるかに膨大な電子供与体を獲得することができた．また，水分子は酵素などのタンパク質や生体膜の構造安定化などにも寄与しており，水がなくなるとタンパク質の変性がきわめて起きやすくなる．このように水分子は，生体内の多様な反応に直接的・間接的にかかわっている．

　水のない環境にさらされると，生命は必然的に危機的な状況に陥る．たとえば植物の場合，低水分環境にさらされると，葉の裏側にある気孔を閉じ水の蒸散を抑えようとする．しかし気孔を閉じると，同時に光合成に必要な二酸化炭素の吸収も抑えられるので，その状態で強い太陽光にさらされると，過剰な光エネルギーを消費しきれなくなり，光障害を引き起こす．このように水分環境の変化は，それが一時的であっても生物活動に大きな影響を及ぼすが，一方で生物はもともと極端に水分の少ない状況をさまざまな形で経験している．植物の種子には通常5〜20%程度の水分しか含まれておらず，種子中では代謝が停止したいわば休眠の状態にある．植物の種類によっては，種子中に1%以下の水分しかもたない例も知られている．また，同じ植物の生殖器官である花粉でも乾燥にさらされることが多く，一般に水分含量は少ない．

　それではこのような水のない状態で，植物はどのようにして細胞内の多くの

部位への影響を抑えているのだろうか．植物の種子が登熟期を迎えると，種子の中にタンパク質の安定化にかかわる低分子物質の蓄積が起こる．水分含量の低下の際に植物中に蓄積する物質として，グリシンベタイン，ソルビトール，プロリンなどがよく知られている(表3.1)．これらはすべて適合溶質とよばれ，水のない状態で起こるタンパク質の構造変化を防いでいる．また微生物では，同様な機能を果たす物質としてトレハロースが知られている．タンパク質は水和して周囲を水分子に取り囲まれ，その構造を維持しているが，水欠乏に伴い

表3.1 植物の主要な適合溶質とその構造

溶質	構造式	溶質	構造式
D-ソルビトール	CH₂OH–H-C-OH–HO-C-H–H-C-OH–H-C-OH–CH₂OH	プロリン	(ピロリジン環)-COO⁻
		プロリンベタイン	(N,N-ジメチルピロリジニウム)-COO⁻
D-マンニトール	CH₂OH–HO-C-H–HO-C-H–H-C-OH–H-C-OH–CH₂OH	グリシンベタイン	$(CH_3)_3N^+-CH_2-COO^-$
		アラニンベタイン	$(CH_3)_3N^+-CH_2-CH_2-COO^-$
D-オノニトール	(シクロヘキサン環に OH,OH,OH,OH,OCH₃)	DMSP	$(CH_3)_2S^+-CH_2-CH_2-COO^-$
D-ピニトール	(シクロヘキサン環に OH,OH,OH,OH,OCH₃)	トレハロース	(グルコース-α,α-1,1-グルコース二糖構造)

水和した水分子が失われる．弱い水分欠乏条件では，タンパク質に緩く結合している水和水が外れ，さらに水分が欠乏すると，タンパク質に強く結合した結合水まで解離する．適合溶質は，水分ストレス下でこのような水分子に置き換わり，タンパク質を安定化する．

　水分ストレス下で誘導される物質として，デヒドリンなどのタンパク質も知られている．デヒドリンの機能はまだ不明な点が多いが，水分ストレス下で膜脂質の安定化に寄与しているといわれている．微生物や植物などでは，水分ストレス，乾燥ストレス条件下でデヒドリンなどの多くのタンパク質が誘導されることが，DNAアレイなどの網羅的な遺伝子発現解析の結果から明らかになっているが，植物ではこのような遺伝子の発現誘導にかかわるホルモンとして，アブシジン酸がよく知られている．アブシジン酸は，種子の登熟の際にもシグナルとして寄与している．登熟末期に種子の水分が減少すると，アブシジン酸がシグナルとなり，細胞内のタンパク質や生体膜を保護するために多様な遺伝子の発現を制御している．種子にとって水分含量の低下は，種子を休眠に導く1つの段階として重要であると考えられている．興味深いことに，アブシジン酸が合成できない変異体では，穂の状態で種子が発芽してしまう穂発芽とよばれる現象がみられる．

3.6　栄養飢餓に対する適応

　温度や水分環境，酸素濃度などと同様，栄養環境は生命の生存に対してきわめて大きな影響力をもつ．酵母などの研究をはじめとした栄養飢餓に対する応答として，細胞が自分自身の細胞質にある多様なタンパク質を分解する機構がある．このような大規模なタンパク質分解の機構はオートファジーとよばれ，オートファジーができない細胞は，栄養飢餓条件を生き延びることができない．このような栄養成分全体の枯渇に対する応答だけではなく，生命はさまざまな必須栄養素の欠乏に対する適応の機構ももつ．その1つとして，最近わかってきた植物の巧妙な栄養欠乏応答機構に，以下に示すリン欠乏時における生体膜脂質の転換があげられる．

　植物の細胞を形作る生体膜は，葉緑体の膜を除き，動物と同じようにリンを

含むリン脂質が主体となってできている．この生体膜中に含まれるリンは，植物にとって栄養素としてのリンの大きな蓄えとなっている．植物がリン欠乏にさらされると，生体膜中に含まれるリン脂質が分解され，通常条件ではほとんど葉緑体にしか存在しないガラクトースを含む糖脂質（DGDG）が，外包膜での糖脂質合成経路によって合成される．次いで，葉緑体以外の細胞膜やミトコンドリア膜に輸送されて，リン脂質と置き換わる（図3.8）．リン欠乏時には細胞膜の90％が糖脂質に置換される．実際，このようなリン欠乏時のリン脂質の分解ができない変異体がとられており，このような変異体ではリン欠乏時に大きな障害が認められる．

植物は動けない代わりに，栄養欠乏時には細胞の構成成分のダイナミックな置換を起こしていることになる．細菌などでも，リン欠乏時にリン脂質が分解されて硫黄を含む糖脂質が合成されるが，植物の場合は，オルガネラ間での相互作用に基づいてこのような現象が起こっていることが興味深い．このような栄養欠乏時における膜脂質のダイナミックな転換は，動物細胞では全く知られていない．植物の場合，リン欠乏時に糖脂質を合成している場所は葉緑体であり，葉緑体が植物に特有のオルガネラであることを考えると，このような膜脂質の変換は高等生物においては植物に特有の現象かもしれない．

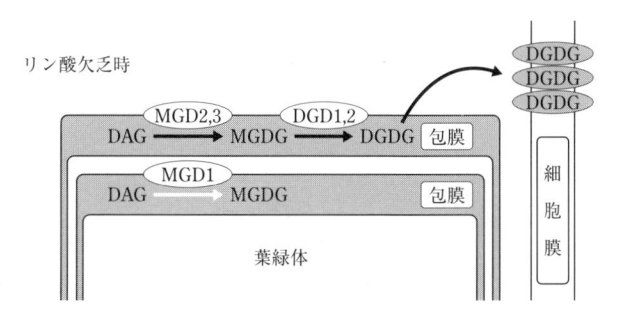

図3.8 植物のリン酸欠乏時における細胞膜への糖脂質の利用．

4 生物と金属イオン

4.1 タンパク質と補酵素

　タンパク質は，アミノ酸がアミド結合により直鎖状に結合した高分子化合物であり，遺伝子および多糖とともに，生体高分子とよばれる生体内の高分子化合物の一種である．タンパク質のうち化学反応を触媒するものを酵素とよび，触媒作用のないタンパク質と区別して扱うことが多い．酵素は生体触媒ともよばれ，生体内で進行する多くの種類の化学反応を触媒する．これらの反応は，タンパク質のみを含む酵素によって触媒されるものもあるが，タンパク質以外に低分子の補因子(cofactor)が必要となるものもある．この補因子として，金属イオンや有機小分子があげられる．特に，タンパク質以外の有機小分子を補酵素(coenzyme)や補欠分子族(prosthetic group)とよび，金属イオンを含んでいる補因子や金属イオンを含んでいない補因子が知られている．補酵素は弱くタンパク質に結合しており，酵素と常に会合あるいは共有結合しているものが補欠分子族である．補酵素や補欠分子族は酵素反応に関与しており，電子や原子団の授受を行い，酵素反応を促進している．補因子として金属イオンを含むタンパク質を金属タンパク質，特に化学反応を触媒するものを金属酵素とよぶ．表4.1に，酵素の分類と反応に関与する代表的な金属イオンを示す．多種多様な金属イオンが，酵素反応に利用されていることがわかる．

　これら補因子は，タンパク質のみでは達成されない多様な機能をタンパク質

4 生物と金属イオン

表 4.1 酵素の分類と反応

分類	代表的な反応	おもな金属イオン
1 酸化還元酵素 (oxidoreductase)	$\text{—CH(OH)—} \longrightarrow \text{—C(=O)—}$	Fe, Co, Cu, V, Mo, W, Mn, Ni
2 転移酵素 (transferase)	$\text{—CH(OH)—} \longrightarrow \text{—CH(O-P(=O)(O^-)-OH)—}$	Mo, Co
3 加水分解酵素 (hydrolase)	アミド + 水 ⟶ カルボン酸 + アミン エステル + 水 ⟶ カルボン酸 + アルコール	Zn, Mg
4 脱離酵素 (liase)	$\text{—C(=O)—COOH} \longrightarrow \text{—C(=O)—H} + CO_2$	Fe
5 異性化酵素 (isomerase)	$\text{—CH(OH)—CHO} \longrightarrow \text{—C(=O)—CH(OH)—H}$	Mg, Fe, Co
6 合成酵素 (ligase)	$\text{—C(=O)—OH} + NH_3 \longrightarrow \text{—C(=O)—NH}_2 + H_2O$	Mg, Co

に付与する.触媒活性を有する酵素–補因子複合体をホロ酵素とよび,ホロ酵素から補因子を取り除いた触媒活性を有しないタンパク質が,アポ酵素である.単純タンパク質では,可視光領域には吸収はないため無色透明であるが,ある種の補因子は可視光領域に特徴的な吸収を示すため,タンパク質溶液が可視領域に吸収を示すようになる.代表的な例として血液中のヘモグロビンがある.ほ乳類の血液は鮮やかな赤色を呈している.これは赤血球中のヘモグロビン(4.3 節参照)とよばれるタンパク質に含まれる補欠分子族(ヘム)に由来する吸収である.ヘムは図 4.1 に示すように,中心金属イオンとして鉄を含んでいる.

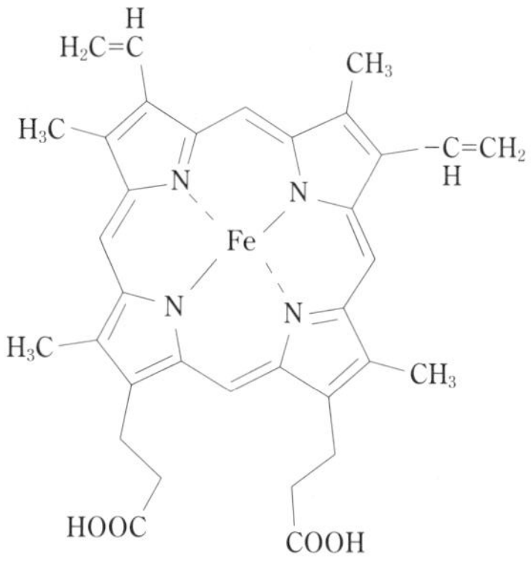

図 4.1 ヘムの構造.

4.2 金属タンパク質と金属酵素

　金属タンパク質は，呼吸，窒素固定，光合成など非常に重要な生化学反応をはじめとして，多くの機能の発現に関与している．構造がわかっているタンパク質のうちおよそ1/3は金属イオンを含んでおり，またすべてのタンパク質の約50％は金属タンパク質であると推定されている．このように多種多様な金属タンパク質が存在している理由として，タンパク質のみあるいは金属を含まない有機化合物では達成できない機能を，金属イオンが発現できることがあげられる．たとえば，H_2，CH_4，CO_2，CO，N_2のような小さな気体分子を生物が利用するためには，Mn，Fe，Co，Ni，Zn，Mo，Wなどの金属イオンが酵素の活性中心として含まれることが多い．また，タンパク質に含まれる標準アミノ酸は，生理条件下で有意な酸化還元反応を触媒することができないため，多くの酸化還元酵素や電子伝達タンパク質は，Fe，Mn，Ni，Cuなどの遷移金属イオンを反応中心として有しており，これら金属イオンの酸化還元により電子の授受を行っている．

　このような金属イオンの役割を分類すると，以下のようになる．

　1) 構造安定化：金属イオンが結合することにより，タンパク質の三次構造や

四次構造を安定化する．
2) 金属イオンの貯蔵：金属イオンの取り込みや，結合，放出のために金属イオンを貯蔵する．
3) 電子伝達：電子の授受，貯蔵を行う活性中心として，金属イオンを用いる．
4) 酸素など気体との結合：ヘモグロビンやミオグロビンのように，酸素と結合・解離を行うことにより，酸素の運搬および貯蔵を行う．
5) 触媒反応中心：さまざまな酵素反応において，基質の結合，活性化，基質の変換を行う反応中心として，金属イオンが用いられている．

金属イオンは，タンパク質由来の配位子（金属イオンに結合している原子あるいは原子団）あるいはタンパク以外の有機低分子（補因子）と配位結合し，タンパク質に結合している．タンパク質に含まれるポリペプチド鎖において配位子として働く官能基は，次の4種類に分類できる．

1) アミノ酸側鎖：Cys（システイン）のチオール基，His（ヒスチジン）のイミダゾール基，Asp（アスパラギン酸），Glu（グルタミン酸）のカルボキシル基，Tyr（チロシン）のフェノール基などは，最もよく観測される側鎖配位子である．また，Asn（アスパラギン），Gln（グルタミン）のカルボキサミド基，Lys（リジン）のアミノ基，Ser（セリン），Thr（トレオニン）のヒドロキシル基，Met（メチオニン）のチオエーテル基，Arg（アルギニン）のグアニジン基なども，配位子として働くことができる．
2) 主鎖のカルボニル基，および脱プロトン化したペプチド結合の窒素原子．
3) N末端のアミノ基．
4) C末端のカルボキシル基．

図4.2に，タンパク質に含まれる標準アミノ酸とその略号（三文字表記と一文字表記）を示す．特に，これらアミノ酸のうち金属イオン配位することが知られている側鎖を有するものを，3〜5列目に示す．金属イオンが配位するアミノ酸のうち，Cys, His, Asp, Tyr, Metについて，配位様式を図4.3に示す．これら配位子は図に示すように，1つの金属あるいは2つの金属の間の架橋配位子として働くことが知られている．

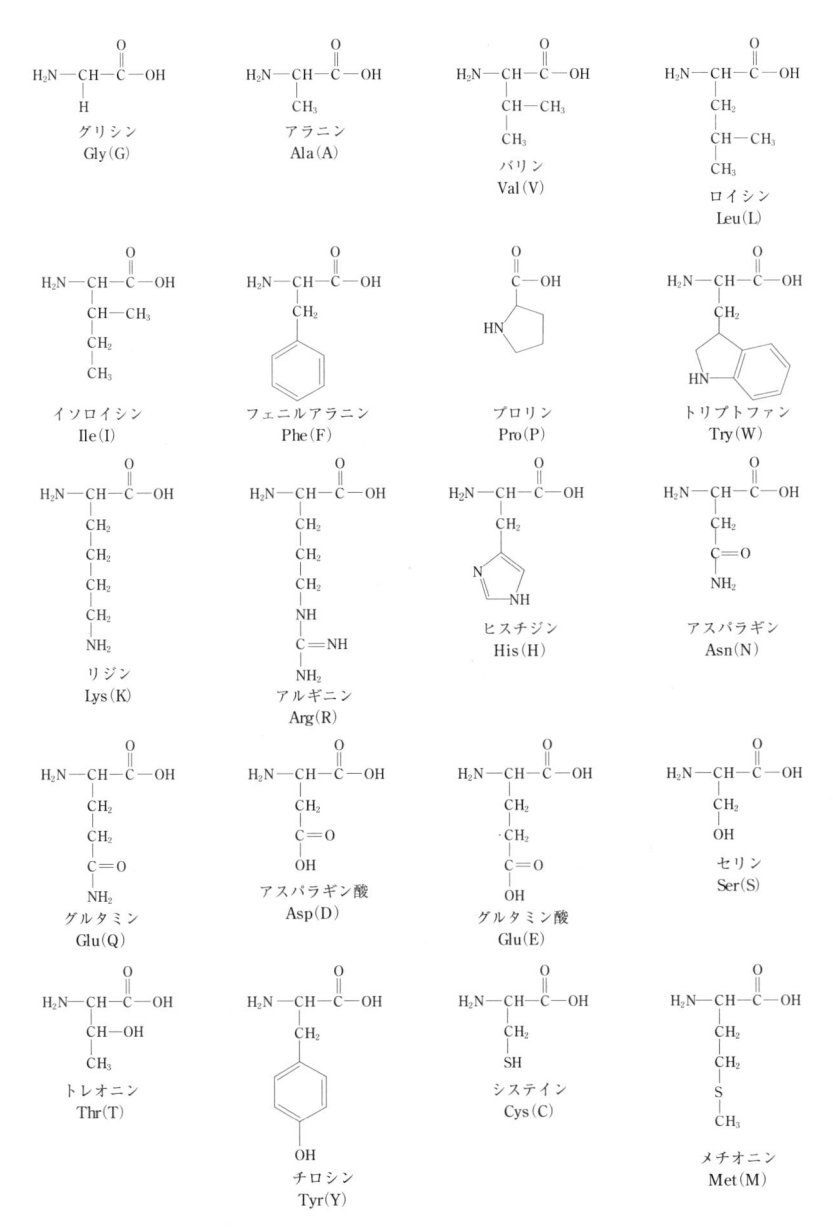

図4.2 タンパク質を構成するアミノ酸とその略号.

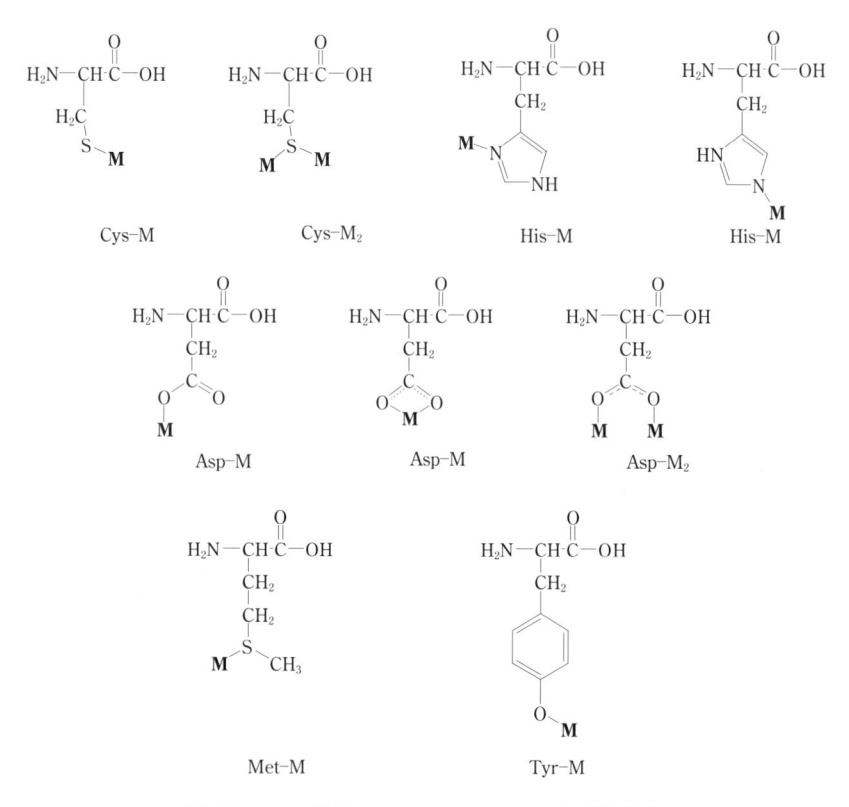

図 4.3 アミノ酸(Cys, His, Asp, Tyr, Met)の配位様式.

4.2.1 鉄イオン

　鉄イオンは，地殻中の金属としてはアルミニウムに継いで2番目に存在量が多く，生体にとって必須のイオンで，生体内に最も多く含まれる遷移金属イオンである(図4.4)．溶液中ではFe^{3+}が最も安定であり，Fe^{2+}は容易に酸化されFe^{3+}となる．金属タンパク質として多くの種類が知られており，精力的に研究されている．鉄イオンを含む金属タンパク質は，Fe-ポルフィリン錯体を含むヘムタンパク質と，それ以外の非ヘムタンパク質に大きく分けられる．非ヘムタンパク質では，無機硫黄を含む鉄-硫黄タンパク質が古くから研究されてい

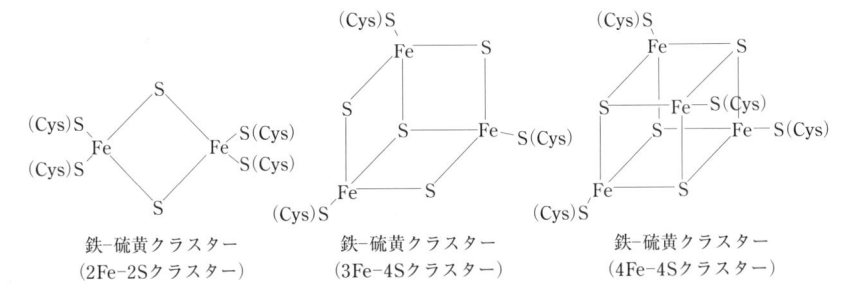

図 4.4 代表的な鉄イオンを含む金属タンパク質の活性中心の構造.

る．鉄イオンを含むタンパク質の分類を表 4.2 に示す．表からも明らかなように，生物は多様な機能を鉄イオンにより実現しているといえる．

4.2.2 銅イオン

銅イオンは生体において必須のイオンの 1 つで，生体内では鉄イオン，亜鉛イオンについで多く含まれる遷移金属イオンである．銅イオンは $Cu^+/Cu^{2+}/Cu^{3+}$ の間の酸化状態をとるが，最も安定な酸化状態は Cu^{2+} である．生体内でも $Cu^+/Cu^{2+}/Cu^{3+}$ の酸化状態をとる．銅イオンを含むタンパク質は，電子伝達タンパク質のみならず，多様な酵素の活性中心として働いている．分光学的

4 生物と金属イオン

表 4.2 ヘムタンパク質と非ヘムタンパク質

ヘムタンパク質	
1. 酸素の貯蔵・運搬	ミオグロビン
	ヘモグロビン
2. 電子伝達	シトクロム
3. ペルオキシダーゼ(過酸化酵素)	ペルオキシダーゼ
	ミエロペルオキシダーゼ
	クロロペルオキシダーゼ
4. シトクロム P-450	シトクロム P-450
5. 酸化酵素	ペルオキシゲナーゼ
6. 酸化還元酵素	シトクロム c オキシダーゼ
	カタラーゼ
非ヘムタンパク質	
7. 鉄-硫黄タンパク質	ルブレドイシン
	リスキータンパク質
	フェレドキシン
8. 単核鉄イオンを含むタンパク質	プロトカテク酸 3,4-ジオキシゲナーゼ
	Fe-スーパーオキシドジスムターゼ
9. 二核鉄イオンを含むタンパク質	ヘムエリトリン
	リボヌクレオチドレダクターゼ
	メタンモノオキシゲナーゼ
	ヒドロゲナーゼ
	紫膜酸性ホスファターゼ
10. 鉄イオンの貯蔵	フェリチン
11. 鉄イオンの輸送	トランスフェリン
	ラクトフェリン

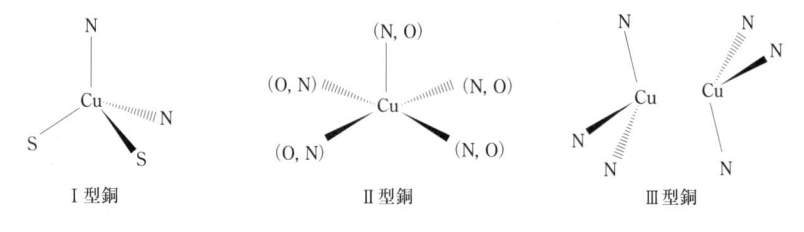

図 4.5 銅イオンの構造.

性質により次の3つの型に分類される(図 4.5).

1) I 型銅:特徴的な青色を呈し,ブルー銅ともよばれる活性中心を有してい

表 4.3 銅タンパク質の分類

I 型銅	プラストシアニン，アズリン，プソイドアズリン，アミシアニン，ステラシアニン，ルスチシアニン
II 型銅	銅アミンオキシダーゼ，ガラクトースオキシダーゼ，Cu-Zn スーパーオキシドジスムターゼ
III 型銅	ヘモシアニン，カテコールオキシダーゼ
多核銅酵素	アスコルビン酸オキシダーゼ，ラッカーゼ，セルロプラスミン，銅亜硝酸レダクターゼ

る．窒素と硫黄を有するひずんだ四面体構造をとっている．

2) II 型銅：平面正方形あるいは正方錐形構造をとり，窒素や酸素が配位している．I 型銅に比べ，可視光の吸収は非常に弱い．

3) III 型銅：二核の銅イオン中心で観測される構造である．二核の銅イオンは，反強磁性相互作用により互いのスピンが打ち消され，EPR(電子常磁性共鳴)では観測されない．

これら，I〜III 型銅に加え，3 原子以上の銅イオンを含む多核銅酵素が存在する．表 4.3 に銅タンパク質の分類を示す．

4.3 酸素の貯蔵と運搬

好気性生物は酸素分子を還元し，得られたエネルギーを用いて生命を維持している．また生体内では，ほかにも多くの化学反応に酸素分子が関与し，酸素分子を血液を介して末梢組織まで運搬したり，組織内で貯蔵したりするタンパク質が存在する．代表的な酸素運搬タンパク質が，脊椎動物の血液中に存在するヘモグロビンである(図 4.6)．ヘモグロビンは血液中の赤血球中に存在するタンパク質で，ヘム(Fe-プロトポルフィリン IX)を補欠分子族として有しているため，強い赤色を呈する．ヘモグロビン中のヘムには，鉄イオンが中心金属として存在している．肺では，ヘモグロビン中の鉄イオンに酸素が可逆的に結合し，酸素結合型となる．酸素結合型のヘモグロビン(オキシヘモグロビン)は血液により末梢組織まで運搬され，酸素を放出し，酸素非結合型のヘモグロビン(デオキシヘモグロビン)となる(図 4.7)．

ヘモグロビンにより血液中を運搬されてきた酸素分子を貯蔵するタンパク質

4 生物と金属イオン

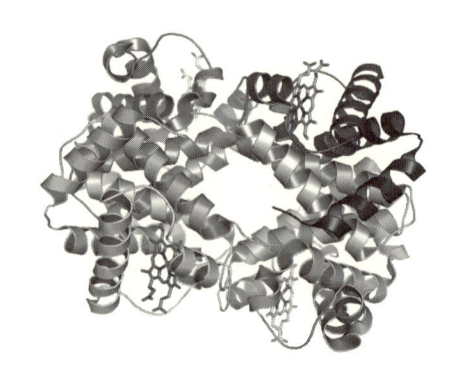

図 4.6 ヘモグロビンの構造.

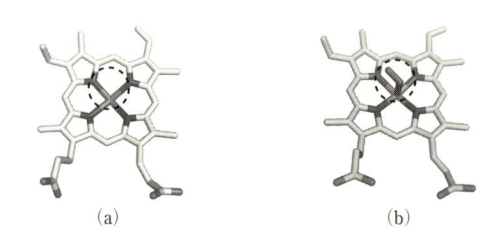

図 4.7 (a)デオキシヘモグロビンと(b)オキシヘモグロビン中のヘムの構造.

が，ミオグロビンである．ミオグロビンもヘモグロビンと同様にヘムを補欠分子族として有している．ヘモグロビン，ミオグロビン中のヘムは，ともにタンパク質中の疎水空間に存在している．鉄イオンはプロトポルフィリンIXの中心金属として存在し，プロトポルフィリンIX中の4原子の窒素の配位を受け，面に垂直な方向の第5配位座に酸素を結合する．さらに，酸素の結合部位の反対側から，タンパク質中のヒスチジン残基のイミダゾール基の窒素原子が配位している．このため，デオキシヘモグロビンでは，酸素が結合していないので鉄イオンは5配位として存在し，酸化還元状態はFe^{2+}である．酸素の結合により配位数は6となり，さらに鉄が酸化されてFe^{3+}となる．

このように，ヘモグロビンもミオグロビンも酸素の結合・解離は同様の機構で進行するが，ヘモグロビンとミオグロビンではタンパク質のサブユニット構造が異なっている．ミオグロビンは単量体で存在するが，ヘモグロビンはミオ

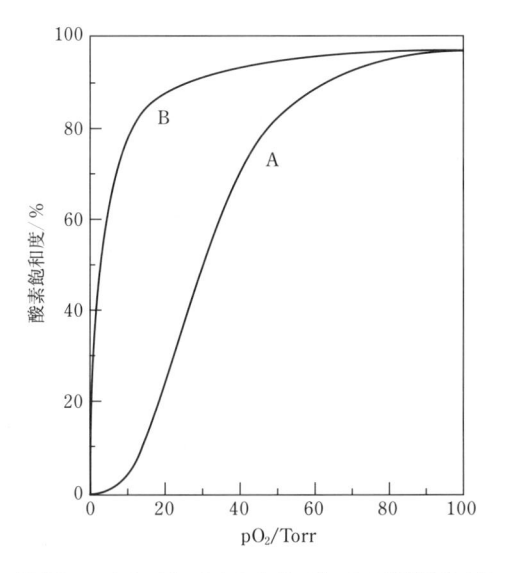

図 4.8 ヘモグロビン A とミオグロビン B の酸素吸着曲線.

グロビンの単量体に似た構造を有する 2 つのサブユニット（α 鎖，β 鎖）を，それぞれ 2 個ずつ含む四量体構造をとっている．このような四次構造の違いにより，ヘモグロビンとミオグロビンでは酸素結合能に違いが現れる（図 4.8）．

単量体であるミオグロビンは，上で述べたように酸素を一分子結合することができる．そのため，酸素の吸脱着に伴う平衡は以下のようになる．

$$Mb + O_2 \rightleftharpoons Mb(O_2)$$
$$K = \frac{[Mb(O_2)]}{[Mb][O_2(分圧)]}$$

このように，単量体で存在するミオグロビンの酸素分圧と酸素化の飽和度の変化は双曲線となる．

一方，四量体で存在するヘモグロビンの酸素化平衡曲線は，シグモイド型となる．これはヘモグロビンのサブユニット間の酸素親和性が異なること，また，酸素分子が結合するに従い残りのヘムの酸素親和性が増大する，ヘム間の協同効果があるためである．このようなシグモイド型の酸素化平衡曲線を示すため，

4 生物と金属イオン

ヘモグロビンは肺（酸素分圧約 100 Torr）で多くの酸素分子と結合し、末梢組織（酸素分圧は約 40 Torr）まで酸素を運搬し、酸素を放出することができる。一方、ミオグロビンは筋肉など末梢組織に多く存在し、ヘモグロビンが輸送してきた酸素と容易に結合し、酸素を貯蔵する働きをする。

酸素の運搬は、すべての生物でヘモグロビンにより行われているわけではない。甲殻類や軟体動物では、ヘモシアニン（図 4.9）とよばれる銅イオンを含む金属タンパク質が酸素の運搬を行い、また海産無脊椎動物では、ヘムエリトリン（図 4.10）とよばれる非ヘム鉄タンパク質が酸素の運搬を行う。

これまでに述べてきたように、ヘモグロビン、ミオグロビンではヘム鉄が酸素の結合に関与しており、ヘモシアニンでは二核の銅中心が、またヘムエリト

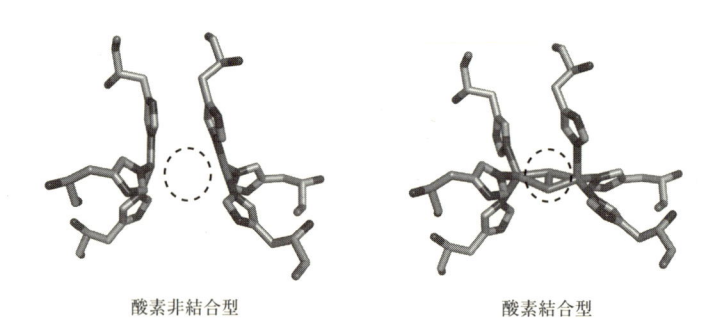

酸素非結合型　　　　　　　酸素結合型

図 4.9 ヘモシアニンの酸素結合部位。二核の銅中心が酸素の結合に関与。

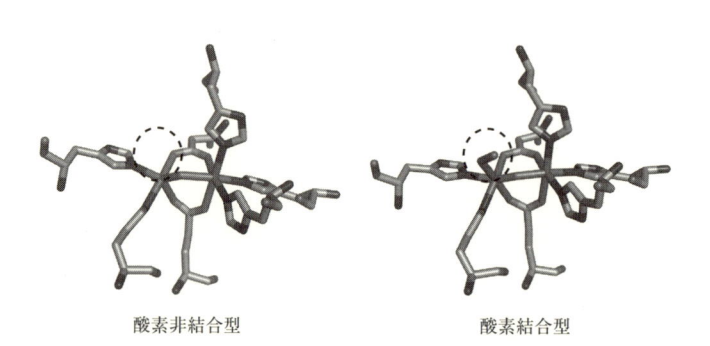

酸素非結合型　　　　　　　酸素結合型

図 4.10 ヘムエリトリンの酸素結合部位。二核の鉄中心が酸素の結合に関与。

リンでは二核の鉄中心が、酸素の結合に関与する。このように、酸素の運搬・貯蔵という機能をタンパク質が実現するには、タンパク質成分のみでは達成できず、遷移金属イオンを利用する必要があることがわかる。また、酸素を結合・解離するという共通の機能でありながら、生物の種類が異なると利用する金属イオンが異なったり、同じ金属を利用するとしても異なった構造・機構で酸素と結合したりするなど、生物が巧妙に金属イオンを利用していることがわかる。

4.4 電子伝達タンパク質

　電子伝達とは、正味の基質の化学反応を伴わず、電子の授受により酸化還元を行う反応である。生体系では、呼吸や光合成あるいは発酵などにより、生命活動に必要なエネルギーであるアデノシン5'-三リン酸(ATP)が合成されている。ATPの合成には、呼吸や光合成における電子伝達が重要な役割を果たしている。

　光合成の反応中心では、以下のZ模式(Z-scheme)に示すように、光エネルギーを吸収し、色素から高いエネルギーをもった電子を放出する。この電子はさまざまな電子伝達タンパク質や酸化還元色素を伝わり、最終的に$NADP^+$(酸化型ニコチンアミドアデニンジヌクレオチドリン酸)を還元し、生体内での還元力であるNADPH(還元型NADP)を生成する(図4.11)。このような電子伝達と共役する形で、光合成膜の内外にプロトン勾配が作成され、このプロトン勾配が解消する際に、生体内でのエネルギーであるATPがADP(アデノシン5'-二リン酸)とPi(オルトリン酸)から合成される(光リン酸化)。

　また、ミトコンドリア内膜における電子伝達では、グルコースの酸化で生じた電子からNADHと$FADH_2$(フラビンアデニンジヌクレオチドH_2)が生じる。これらの再酸化に伴い生じた電子が、電子伝達系で利用される。電子伝達系では、10以上の酸化還元中心を経由した電子伝達が行われ、最終的に酸素から水が生じる。この過程で、光合成反応中心でも観測されるように、ミトコンドリアでもプロトンの汲み出しが起こり、生じた電気化学的プロトン濃度勾配の自由エネルギーを利用し、H^+輸送ATPシンターゼの作用によって、ATPがADPとPiから合成される(酸化的リン酸化)。このように、好気性生物では細

4 生物と金属イオン

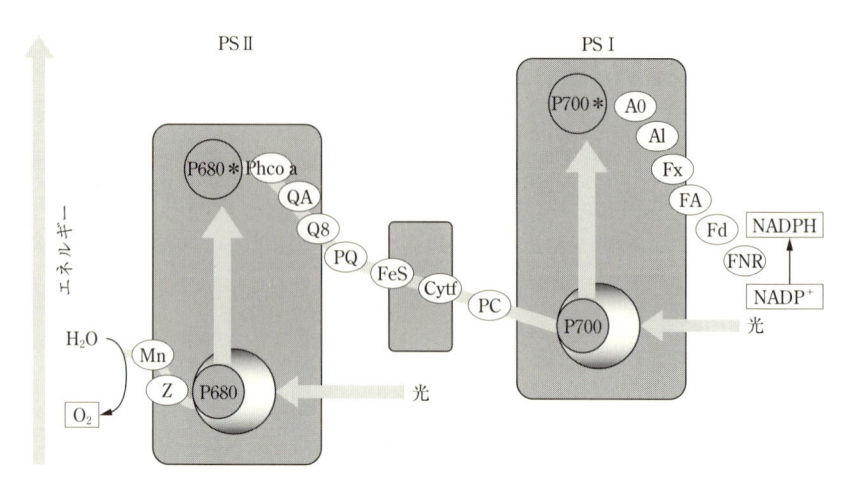

図4.11 酸素発生型光合成のZ機構．PSⅠ：光化学系Ⅰ，PSⅡ：光化学系Ⅱ．

胞内のミトコンドリアという細胞内小器官内で酸素を最終的な電子受容体として用いることで，生体内に必要なエネルギーを生産する．

いずれの場合も，電子伝達に伴う膜内外のプロトン濃度勾配を形成し，このプロトン濃度勾配の解消とATPの合成が共役していると考えることができる．このように生体内における電子伝達は，生命にとって必須の反応であるといえる．電子伝達で重要なことは，さまざまな酸化還元電位を有する電子伝達タンパク質や電子伝達体が機能し，生体内で効率のよい電子伝達が行われることである．電子伝達タンパク質を分類すると，鉄-硫黄タンパク質，ブルー銅タンパク質，シトクロムの3種類に分けられる．これら3種類の電子伝達タンパク質について，以下に概説する．

4.4.1 鉄-硫黄タンパク質

鉄-硫黄タンパク質は，細菌から高等生物まで幅広く分布する．この鉄-硫黄タンパク質には，Fe_nS_m の構造を有する鉄-硫黄クラスターが含まれる．鉄-硫黄クラスターの名称は，鉄イオンと，酸によって不安定化され硫化水素として放出される無機硫黄(タンパク質のシステイン由来の硫黄以外で，酸によって不安定化されるため酸不安定硫黄ともよばれる)が存在することから，名づけ

られた.鉄の原子数によって,ルブレドキシン(rubredoxin),2鉄-2硫黄クラスター(Fe_2S_2 cluster),3鉄-4硫黄(Fe_3S_4)クラスター,4鉄-4硫黄(Fe_4S_4)クラスターの4種類に分類される.

ルブレドキシン以外の鉄-硫黄クラスターを含む低分子量の電子伝達タンパク質を,フェレドキシンとよぶ.鉄-硫黄タンパク質に含まれる鉄原子は,Fe^{2+}もしくはFe^{3+}として存在する.また,鉄原子に配位しているS原子は,システインの側鎖由来のS(Sγ:γ位の硫黄),あるいは単核の無機硫黄であり,FeS_4の四面体構造をとっている.図4.12に鉄-硫黄クラスターの構造を示す.鉄-硫黄タンパク質中の鉄-硫黄クラスターの酸化還元電位は,+400 mV(vs SHE(標準水素電極))以上の高電位から-600 mV(vs SHE)以下の低電位まで,非常に広範囲に及ぶ.これは,タンパク質中の鉄-硫黄クラスターの親水性・疎水性の環境などによると考えられる.また鉄-硫黄クラスターは,ルブレドキシンやフェレドキシンといった電子伝達タンパク質に加え,多様な酸化還元酵素にも含まれ,触媒部位までの電子伝達を担う.ルブレドキシンは1原子の

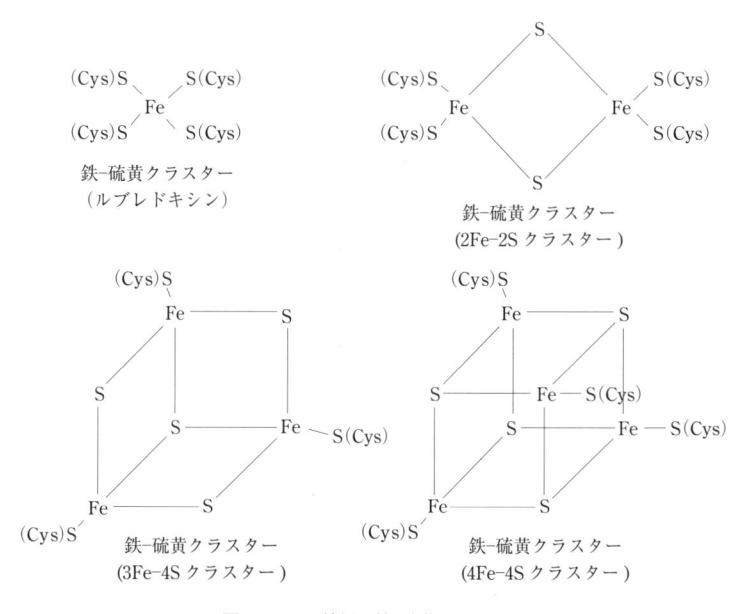

図4.12 4種類の鉄-硫黄クラスター.

鉄を含み，通常 6 ～ 7 kDa の分子量をもつ最も単純な構造の鉄-硫黄タンパク質である．鉄イオンはシステイン由来の硫黄原子と結合し，硫黄原子が作る四面体構造の中心に鉄イオンが存在する構造となっている．溶液中で普通に観測される鉄イオンの酸化還元と同様，Fe^{2+}/Fe^{3+} の間の酸化還元により電子を伝達する．

2 鉄-2 硫黄クラスターを含むタンパク質は，図 4.12 に示したように，二核の鉄中心を有する．各々の鉄イオンはルブレドキシンと同様に，硫黄を配位子とした四面体型の構造をとっている．ルブレドキシンとは異なり，2 原子のシステイン由来の硫黄原子に加え，2 原子の無機硫黄が結合しているという特徴がある．鉄が 2 原子存在するにもかかわらず，生理条件下では 1 電子の酸化還元を行う．すなわち $Fe^{3+}-Fe^{3+}$ と $Fe^{3+}-Fe^{2+}$ の間の酸化還元反応が進行する．このような二核の鉄イオンを含むクラスターは多く知られているが，生理条件下で二電子酸化還元を行うクラスターはこれまでに報告がない．一般的な 2 鉄-2 硫黄クラスターでは，タンパク質由来の配位子はすべてシステイン残基の硫黄原子であるが，2 鉄-2 硫黄クラスターを含むリスケ (Rieske) 鉄-硫黄タンパク質では，1 原子の鉄の配位子がシステインではなくヒスチジンになっている．リスケ鉄-硫黄タンパク質は，光合成やミトコンドリアにおける電子伝達鎖に存在している．このヒスチジンが結合した鉄イオンが酸化還元に関与しており，通常の 2 鉄-2 硫黄フェレドキシンと比べ，酸化還元電位がより正の電位を有するという特徴がある．

三核の鉄イオンを有するフェレドキシンの酸化還元中心は，次に述べる 4 鉄-4 硫黄クラスターから鉄イオンが 1 原子除かれた構造をとっている．ルブレドキシンや 2 鉄-2 硫黄クラスターと同様に，すべての鉄は四面体型構造をとっているが，2 鉄-2 硫黄クラスターとは異なり，タンパク質のシステイン由来の硫黄は 1 原子のみであり，他の 3 原子の硫黄は無機硫黄である．

四核の鉄イオンを有するフェレドキシンの酸化還元中心は，四面体の頂点に鉄と無機硫黄が交互に配置された構造をとっている．さらに，鉄原子にはタンパク質由来のシステインが配位し，前述の鉄-硫黄クラスターと同様に 1 原子の鉄に注目すると，4 原子の硫黄が四面体構造で配位した構造となる．4 鉄-4 硫黄クラスターは 3 つの酸化還元状態が知られており，$[4Fe-4S]^{3+/2+}$ あるい

は[4Fe-4S]$^{2+/+}$のいずれかの酸化還元を行う．[4Fe-4S]$^{3+/2+}$の酸化還元を行うタンパク質を，高電位鉄-硫黄タンパク質（high potential iron-sulfur protein, HiPIP）とよんでいる．

4.4.2　ブルー銅タンパク質

　ブルー銅タンパク質は，名前のとおり青色を呈する銅中心（Ⅰ型銅，図4.5参照）をもっている．Ⅰ型銅は，非常に特徴的な分光学的な性質を示す．すなわち，単純な構造をもつ配位子の銅錯体の可視光吸収が，600 nm 付近にモル吸光係数 $\varepsilon \sim 50\,\mathrm{M}^{-1}\mathrm{cm}^{-1}$ 程度で存在するのに比べ，Ⅰ型銅では，Cys - S → Cu^{2+} の電荷移動（ligand to metal charge transfer, LMCT）に基づく吸収が，モル吸光係数 $\varepsilon \sim 3000 \sim 5000\,\mathrm{M}^{-1}\mathrm{cm}^{-1}$ 程度という非常に強い吸収として現れる．また，一般の銅錯体の酸化還元電位が $\sim +160\,\mathrm{mV}$ であるのに対し，Ⅰ型銅では $+200 \sim +800\,\mathrm{mV}$ と高い酸化還元電位をもつという特徴がある．

　ブルー銅タンパク質として，プラストシアニン，アズリン，シュードアズリン，ステラシアニンなどが知られている．プラストシアニン，シュードアズリンでは，1原子のシステイン由来の硫黄原子，1原子のメチオニン由来の硫黄原子，2原子のヒスチジン由来の窒素原子が配位した四配位構造をとる．アズリンは，これらの配位子に加え，ペプチドのカルボニル基がメチオニンとは反対側から銅に配位している．またステラシアニンは，メチオニンの代わりにグルタミンのカルボニル基が結合した四配位構造をとる．

4.4.3　シトクロム

　シトクロムは，ヘモグロビンのように非常に特徴的な赤色を呈しており，比較的容易に精製できることから，最もよく研究されているタンパク質の1つである．シトクロムは，ヘムの種類により a, b, c, d の4種類に分類される．図4.13にヘム $a \sim d$ の構造を示す．

　シトクロム c は，1分子あるいはそれ以上のヘム c を分子内に有するタンパク質で，ヘム c はタンパク質のシステイン残基とチオエーテル結合する．一般的に，ヘム c が結合するアミノ酸配列には C-X-X-C-H という共通配列があり，ヘム結合モチーフとよばれている．この共通配列のヒスチジンは，ヘム鉄

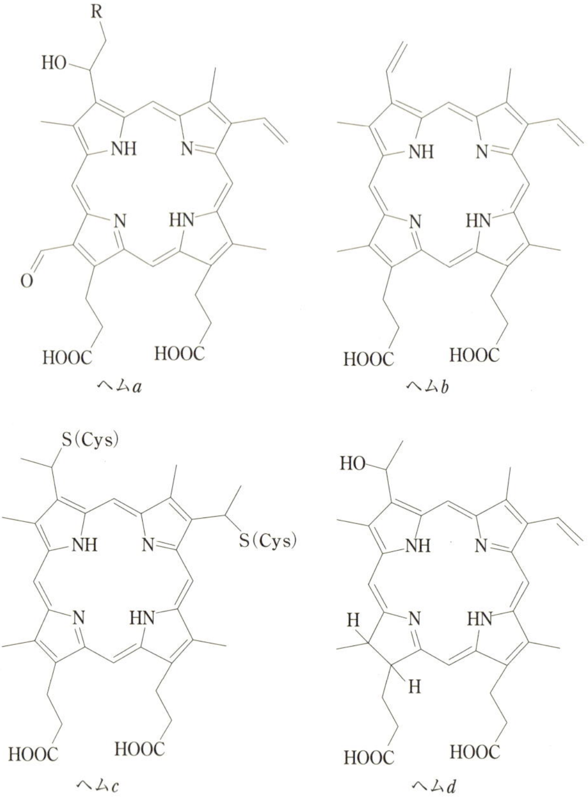

図 4.13 ヘム a, b, c, d の構造.

の 5 配位目の配位子として働く．この共通配列は多くのシトクロム c で共通であるが，C–X$_4$–C–H という配列をもつシトクロム c_3 や，C–X$_3$–C–H という配列をもつシトクロム c-551 もある．鉄は，ポルフィリン環由来の配位子とヘム結合モチーフに存在するヒスチジンに加え，もう 1 つのタンパク質由来の配位子を軸配位子としてもち，全体として六配位八面体構造をとる．タンパク質由来の配位子として，ヒスチジンやメチオニンが用いられている．高等生物では，節のはじめに述べたように，ミトコンドリア内膜に存在しユビキノン Q から電子を受け取り，シトクロムオキシダーゼへの電子伝達を担う．また細菌

では，硝酸塩呼吸や硫酸塩呼吸など嫌気呼吸における電子伝達を担う．シトクロム c の酸化還元電位は，およそ $+400$ mV から -400 mV という非常に広範囲にわたる．

5 極限環境に生きる生物

　人が生存する環境と同じ温和な条件である常温，常圧，中性 pH の栄養源豊富な培地に接種して増殖する微生物とともに，これまで生命が存在しないとされていた温泉や火山，深海底や深度地下，低温の極地，塩湖などの極端な環境にも，多様な微生物からなる生命圏が存在することが明らかになった．このような高温，低温，高塩濃度，強アルカリ性・強酸性といった環境を好んで生育する微生物が極限環境微生物で，これらが産生する極限酵素は特殊な条件下でも機能するために，産業用酵素として利用できる．

5.1 好　熱　菌

　好熱菌(thermophile)は，55℃以上で生育する微生物の総称であるが，その生育温度により，65℃で生育する中等度好熱菌，75℃以上で生育する高度好熱菌，90℃以上でも生育する超好熱菌に分類される(図5.1)．

　Bacillus stearothermophilus は，生育に適した生育温度が 50〜65℃，生育できる限界の温度(生育上限)が75℃付近の中等度高熱菌である．堆肥や温泉などの高温環境から容易に分離されるが，胞子を形成できるので，通常の土壌や河川から分離されることもある．*B. stearothermophilus* に代表される好熱性 *Bacillus* 属細菌は増殖速度が速く，いろいろな耐熱性酵素を細胞外に分泌する．

　1969 年に米国イエローストーン公園内の温泉から分離された *Thermus aquaticus* や，伊豆の温泉から分類された近縁の *Thermus thermophilus*(図 5.2(a))な

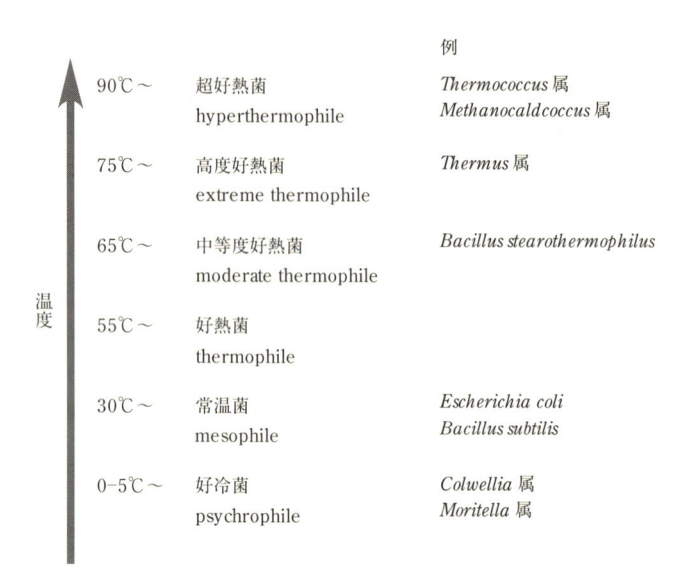

```
                                    例
 90℃〜    超好熱菌              Thermococcus 属
         hyperthermophile       Methanocaldcoccus 属

 75℃〜    高度好熱菌            Thermus 属
         extreme thermophile

 65℃〜    中等度好熱菌          Bacillus stearothermophilus
         moderate thermophile

温
度  55℃〜  好熱菌
         thermophile

 30℃〜    常温菌                Escherichia coli
         mesophile              Bacillus subtilis

 0-5℃〜   好冷菌                Colwellia 属
         psychrophile           Moritella 属
```

図 5.1 微生物の成育温度範囲と分類.

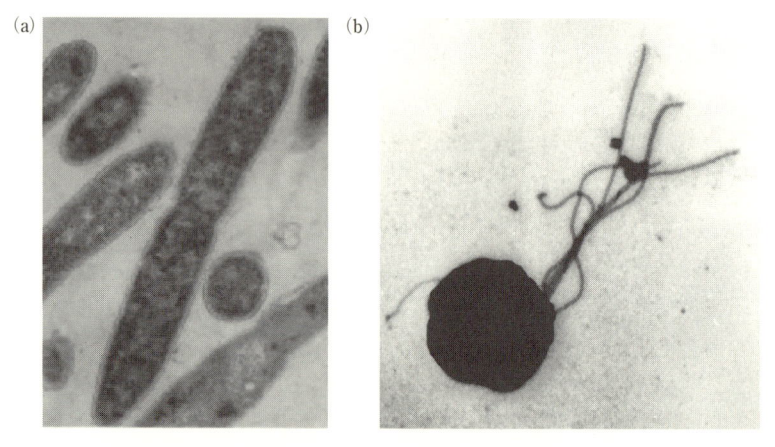

(a) (b)

図 5.2 (a) 高度好熱細菌 *Thermus thermophilus* HB8 超薄切片の透過型電子顕微鏡写真(大阪大学大学院・倉光成紀教授提供), (b) 超好熱始原菌 *Thermococcus kodakaraensis* の透過型電子顕微鏡写真.

どが高度好熱菌である．*Thermus* 属細菌は絶対好気性の桿菌（棒状の菌）で，至適生育温度70℃，生育上限80〜85℃である．カロテノイド色素を産生するため，コロニーは赤色もしくは黄色を呈する．*T. thermophilus* は容易に形質転換できるので，種々の宿主-ベクター系が開発されている．*Thermoanaerobacter* 属は *Clostridium* 属に近縁の嫌気性高度好熱菌である．

　超好熱菌は90℃以上で生育する微生物であるが，至適生育温度が80℃以上とも定義される．1982年の報告以来，海底熱水噴出孔付近や火山地帯，温泉から100種以上の超好熱菌が分離・同定され，100℃以上で生育するものも多

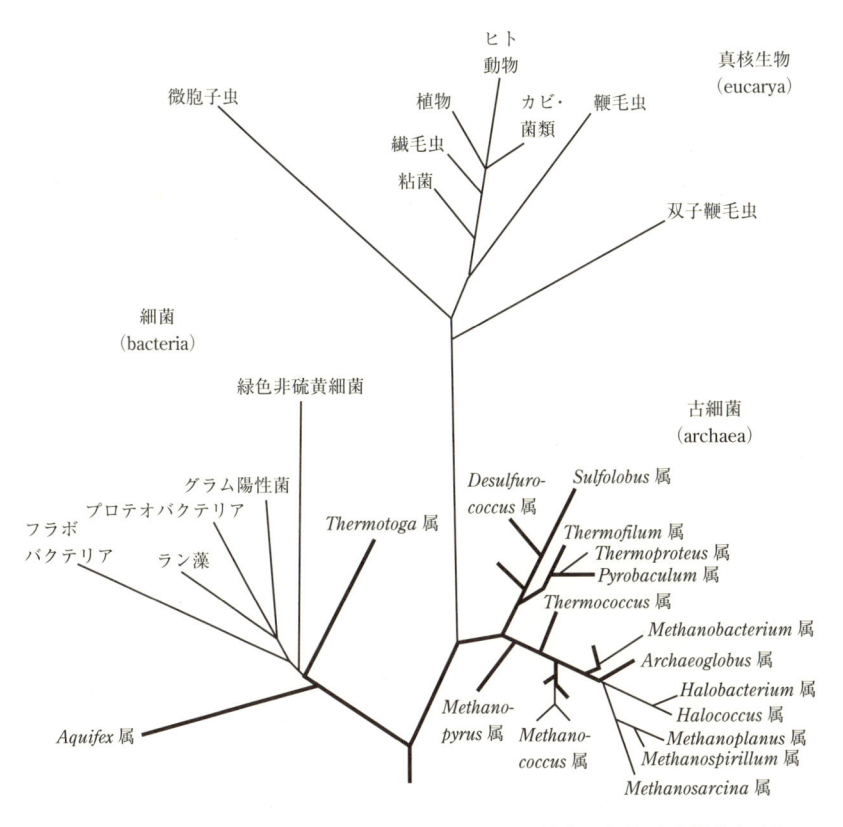

図5.3　16S(18S) rRNA 塩基配列に基づいた全生物の進化系統樹．太線は超好熱菌を示す．
　　　　[E.F. Delong, N.R. Pace, *Syst. Biol.*, **50**, 470(2001) より改変]

数知られている. *Pyrodictium* 属に近縁な Fe(Ⅲ) 還元菌 121 株の 121℃が, これまでの最高生育温度である. 超好熱菌の多くは細菌とは異なる原核生物である古細菌(アーキアまたは始原菌ともいう)に属するものが多い. 古細菌は, 原核細胞でありながら系統的に他の細菌と区別されるグループで, 1970 年代後半から, 遺伝子の変異履歴に基づいて生物間の進化を数理統計学的に解析する分子系統学によって存在が示された. この新しい生物群には, 高温・高塩・強酸・絶対嫌気といった極限環境に生育する微生物が多く存在し, 生理的・生化学的にも他の細菌群とは区別される.

細菌に分類される超好熱菌としては *Thermotoga* 属, *Aquifex* 属, *Geothermobacterium* 属のみが知られている一方で, 古細菌に分類される超好熱菌は数多い. 好酸好熱性古細菌である *Sulfolobus* 属は, 種や株によっては生育上限が 90℃以下で, 超好熱菌の定義に合致しないものも存在するが, 超好熱菌として取り扱うことが多い. 細菌, 古細菌を問わず, 超好熱菌は進化系統樹の根の近傍に位置し(図 5.3), 超好熱菌は, 現存する生物の中で原始生命体に最も近い生物群と考えられている. またこの系統樹から, 真核生物は古細菌から分岐したことが示唆されている. 実際, 古細菌の DNA 複製, 転写, 翻訳の機構や関与するタンパクは真核生物に相同であり, 真核生物は古細菌の生命維持機構に類似しながら複雑化したと考えられる.

5.1.1 好熱菌の生育特性

好熱菌の至適生育温度での増殖速度は, 高温条件下での大きな化学反応速度を考慮するとそれほど速くなく, 高温環境において生命を維持するには, よりエネルギーが必要であることを示唆している. 中等度好熱細菌や高度好熱細菌の生理や代謝機構は近縁の常温細菌と類似しており, 培養も常温菌用の培地を高温条件とすることで行える. *Thermus* 属は酸素を好む好気性の従属栄養生物であり, 培養は容易で増殖も速い. 超好熱細菌 *Aquifex* 属や高度好熱細菌 *Hydrogenobacter* 属は, 水素をエネルギー源として生育できる化学合成独立栄養生物である. 通常の好気生物では, 糖などに由来する炭素をトリカルボン酸(TCA)サイクルによって最終的に二酸化炭素へと代謝するが, これら好熱菌は, TCA サイクルを逆回転させることによって二酸化炭素を固定する.

5.1 好熱菌

表 5.1 超好熱菌における代表的なエネルギー獲得反応

エネルギー獲得反応	例
有機物$[2H] + S^0 \Rightarrow H_2S$	*Desulfurococcus*, *Pyrococcus*, *Thermococcus*, *Thermoproteus*, *Thermotoga*
有機物$[8H] + SO_4^{2-} + 2H^+ \Rightarrow H_2S + 4H_2O$ 有機物$[6H] + SO_3^{2-} + 2H^+ \Rightarrow H_2S + 3H_2O$	*Archaeoglobus*
有機物$[10H] + 2NO_3^- + 2H^+ \Rightarrow N_2 + 6H_2O$ 有機物$[6H] + 2NO_2^- + 2H^+ \Rightarrow N_2 + 4H_2O$	*Pyrobaculum*
有機物 $\Rightarrow CO_2 + H_2 +$ 有機酸	*Thermococcus*, *Pyrococcus*
有機物$[2H] + 1/2\,O_2 \Rightarrow H_2O$	*Aeropyrum*, *Sulfolobus*
$H_2 + S^0 \Rightarrow H_2S$	*Acidianus*, *Pyrodictium*, *Thermoproteus*
$H_2 + NO_3^- \Rightarrow NO_2^- + H_2O$	*Ferroglobus*
$H_2 + NO_3^- + H^+ \Rightarrow NH_3 + 3H_2O$	*Pyrolobus*
$H_2 + 0.5\,O_2 \Rightarrow H_2O$	*Acidianus*, *Pyrolobus*, *Sulfolobus*
$S^0 + 1.5\,O_2 + H_2O \Rightarrow SO_4^{2-} + 2H^+$	*Acidianus*, *Aquifex*, *Sulfolobus*
$H_2 + 2Fe^{3+} \Rightarrow 2Fe^{2+} + 2H^+$	*Geoglobus*, *Geothermobacterium*
$2Fe^{2+} + NO_3^- + 5H_2O \Rightarrow 2Fe(OH)_3 + NO_2^- + 4H^+$	*Ferroglobus*
$4H_2 + SO_4^{2-} + 2H^+ \Rightarrow H_2S + 4H_2O$	*Archaeoglobus*
$4H_2 + S_2O_3^{2-} + 2H^+ \Rightarrow 2H_2S + 3H_2O$	*Archaeoglobus*, *Ferroglobus*, *Pyrodictium*, *Pyrolobus*
$4H_2 + CO_2 \Rightarrow CH_4 + 2H_2O$	*Methanocaldcoccus*, *Methanopyrus*, *Methanothermus*

　超好熱菌が分離される火山地帯，深度地下，海底熱水噴孔などの天然高温環境における化学組成や物理的条件は多様である．これを反映して超好熱菌のエネルギー獲得様式も実に多様だが(表 5.1)，超好熱菌の多くは，酸素を嫌う絶対嫌気性あるいは通性嫌気性である．これは，高温における溶存酸素濃度が低くなるからである．酸素に代わってエネルギー獲得によく利用されているのが硫黄化合物であり，生命が発生する以前の原始地球には酸素が存在せず，硫黄化合物が豊富であったことから，超好熱菌が原始生命体に近いことを彷彿させる．硫黄化合物の中でも，最終電子受容体として硫黄を還元して，硫化水素を発生させるものが多い．そのための電子供与体として水素を利用し化学独立栄養生育を示すものは，上述の超好熱細菌 *Aquifex* 属に加えて，超好熱古細菌では *Acidanaus* 属，*Pyrobaculum* 属，*Pyrodictium* 属，*Thermoproteus* 属などである．

有機物を炭素源および電子供与体として硫黄還元従属栄養生育を示す超好熱菌で代表的なものが，細菌では *Thermotoga* 属，古細菌では *Thermococcus* 属，*Pyrococcus* 属である．これらは培養が比較的容易で，増殖も速い．*Thermococcus kodakaraensis*（図 5.2(b)）では，相同性組換えによる遺伝子操作が超好熱菌としてはじめて確立され，遺伝学的解析が可能となった．*Archaeoglobus* 属は，硫酸やチオ硫酸などの硫黄酸化物を最終電子受容体として利用する．硫黄化合物以外では，硝酸呼吸をする *Pyrobaculum* 属，*Ferroglobus* 属などがあり，Fe^{3+} を電子受容体とする *Geothermobacterium* 属や *Geoglobus* 属がある．後者の鉄還元超好熱菌は磁鉄鉱（マグネタイト）を生成することから，熱水環境中の鉄の循環に大きくかかわっている．

　二酸化炭素呼吸によりメタンを発生するメタン生成菌は生育温度を問わず，すべて古細菌である．多様な形態や生理のメタン生成菌が知られているが，*Methanocaldococcus jannaschii* や *Metanopyrus kandleri* は超好熱性のメタン生成菌である．数は少ないものの *Aeropyrum* 属，*Sulfolobus* 属，*Pyrobaculum* 属の中にも，酸素を最終電子受容体として生育する好気性超好熱菌が存在する．このように，超好熱菌の世界においてもエネルギー獲得様式は多様であり，系統的には近縁であっても異なるエネルギー獲得反応を利用している例も多い．

5.1.2　好熱菌のゲノム解析

　1990 年代後半以来，生物が有する全 DNA 塩基配列を決定し，その遺伝情報について知見を得るゲノム解析が盛んに行われている．好熱菌は熱安定な酵素を産生する重要な遺伝子資源であることから，ゲノム解析のよい対象である．2006 年 11 月の時点で 450 以上の生物種についてゲノムが明らかにされているが，Genamics GenomeSeek（http://genamics.com/genomes/index.htm）によれば，好熱菌は 36 種のゲノム解析が終了し 67 種が解析進行中である．好熱菌の中でも超好熱菌はゲノムサイズがおおむね 2 Mbp（メガ塩基対）程度と小さいこと，特殊な代謝系を有するものが多いこと，さらには進化的な興味も加味されて初期からゲノム解析の対象とされ，現時点では 17 種のゲノムが公開されている．好熱菌のすべての遺伝子産物を明らかにする試みも進められている．*Thermus thermophilus* を対象とした「好熱菌丸ごと一匹プロジェクト」（http://

www.thermus.org/j_index.htm)では，細胞内のあらゆる生命現象の理解をめざしている．また近年では，水や土壌といった環境試料から直接抽出したDNAを塩基配列決定するメタゲノム解析も行われている．この方法は培養を伴わないため，環境微生物中で大部分を占める難培養性微生物に由来する遺伝子を得ることが可能である．高温環境試料のメタゲノム解析により，これまでにない特徴の耐熱性酵素遺伝子が見いだされることが期待される．

5.1.3 高温環境適応機構

A. 細胞膜

　細胞膜は，脂質二分子膜にタンパク質がモザイク状に組み込まれた構造をしている．細胞膜の機能発現には，その流動性とイオン透過性が重要で，生育温度において適切な膜の状態を維持しなければならない．好熱菌は，長鎖飽和脂肪酸などの融点の高い脂肪酸を構成成分として，膜の相転移温度(固いゲル相から液状の液晶相に相転移する温度)を高くし，高温条件においても機能的な膜を保持している．高度好熱菌 *Thermus thermophilus* では，糖が結合したカロテノイドの脂肪酸エステルが細胞膜に存在し，膜の安定化に寄与している．一方，古細菌はグリセロールにイソプレノイドがエーテル結合したエーテル型脂質をもっている(図5.4)．

　イソプレノイド鎖の鎖長が15，20，25，40のものが存在するが，20のものが主である．エーテル型脂質は常温性の古細菌にもみられるので，好熱菌に特徴的ではないが，細菌や真核生物のエステル型脂質と比べて化学的に安定なエーテル型脂質は，高温環境下では有利な構造と考えられている．高温領域においては，通常の脂肪酸型脂質膜はプロトン透過性が高いが，硬く高密度なイソプレノイド型脂質膜はプロトン透過性が低いので，プロトン勾配の維持が可能である．鎖長が40の場合には両末端でグリセロールと結合したテトラエーテル脂質を形成し，さらに鎖中にシクロペンタン環を形成することもあり，超好熱古細菌には，培養温度が高いほどテトラエーテル脂質やシクロペンタン環の比率が高い種類がある．

B. 核酸

　好熱菌は，高温環境においてDNAの二重らせん構造を維持しなければなら

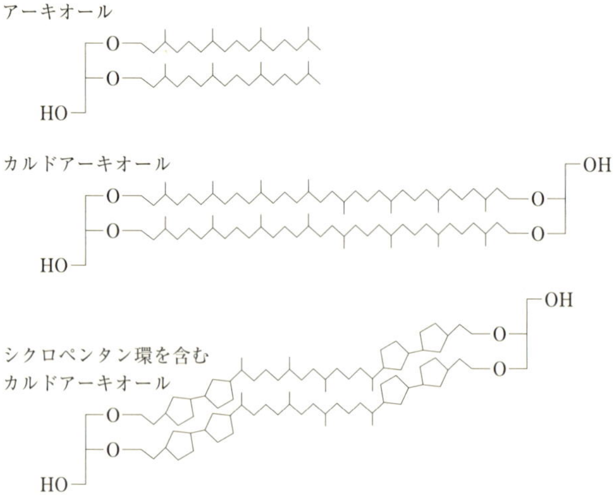

図 5.4　古細菌の代表的脂質分子.

ないが,遺伝子が複製するためには二重らせんが一本鎖に解離しなければならない. *T. thermophilus* では,コドンの 3 番目の塩基が G または C であり,染色体 DNA 全体の GC 含量は 70% を超える. GC 含量が高くなると塩基対間で形成される水素結合が増えるために,一本鎖 DNA に解離する融解温度は高くなる. しかし,常温性の放線菌に 70% を超える高い GC 含量のものが存在し,一方で,約 100℃ を至適生育温度とする超好熱古細菌 *Pyrococcus* 属では,GC 含量はわずか 38% にすぎないことなどから,染色体 DNA の GC 含量と生育温度には相関がないことがわかる.

　DNA の融解温度はその形状と密接な関係があり,好熱菌・常温菌に関係なく環状構造の染色体 DNA は,らせんがらせんを作る超らせん構造をとることで,熱に対して安定となる. ヒストン様タンパクは DNA を巻き取って超らせん構造を作り,DNA の安定化に寄与する(図 5.5). ヒストンは真核生物に特徴的なタンパク質だが,古細菌の中にはヒストンと一次構造上で相同性を示すヒストン様タンパク質が発見され,その四量体タンパク質は実際に DNA を巻き取って,ヌクレオソームとよばれる構造を形成する. ヒストン様タンパク存在下では,DNA の融解温度は 20℃ 以上も上昇する. 細菌にも,一次構造は異な

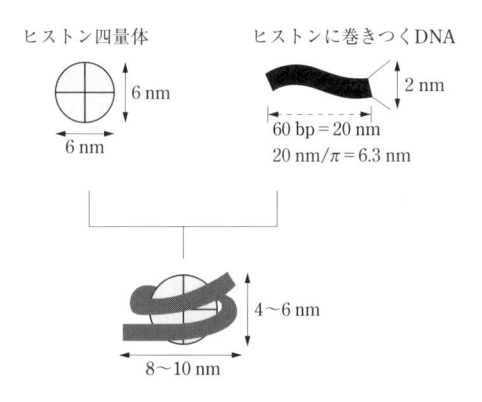

ヒストン四量体　　ヒストンに巻きつくDNA

6 nm

6 nm

2 nm

60 bp = 20 nm
20 nm/π = 6.3 nm

4〜6 nm

8〜10 nm

図 5.5　超好熱古細菌におけるヌクレオソーム構造.

るものの塩基性のDNA結合タンパクが見いだされており，生物種を問わず存在するタンパク質である．さらに，高度好熱菌や超好熱菌に多く含まれる塩基性のポリアミン類はDNAに強く結合し，DNAを安定化する．

　超好熱菌ではこれらのDNA安定化機構に加えて，正の超らせん構造（らせんの巻き数を増やす）を導入してDNAに熱安定化する酵素のリバースジャイレースが存在する．興味深いことに，リバースジャイレースは細菌，古細菌を問わず，これまでゲノム解析がなされている超好熱菌すべてに存在するが，常温菌や好熱菌には検出されない超好熱菌固有のタンパク質である．しかしこの酵素は，常温生物に存在するトポイソメラーゼⅠ型とヘリカーゼのスーパーファミリーが形成されてから出現したことが，アミノ酸配列に基づく系統解析から指摘され，もしリバースジャイレースが80℃以上での生命維持に必須ならば，超好熱菌は祖先型のヘリカーゼやトポイソメラーゼⅠ型をもつ生物群の後に出現したことになる．この考えは，超好熱菌が原始生命体に最も近いとする 16S rRNA 配列に基づく系統解析結果と矛盾し，生命の起源は超好熱菌ではないとする説も主張された．しかし，*Thermococcus kodakaraensis* で開発された遺伝子破壊系を用いた実験から，リバースジャイレースは80℃以上でのDNAの安定化に寄与しているが，リバースジャイレースが欠失していても90℃までは生命を維持できることが示された．この結果，リバースジャイレースの出現と"生命の起源高温説"とは，少なくとも90℃以下の環境であれば矛

盾しない．生命の進化が進んでリバースジャイレースが出現し，これを獲得した超好熱菌が高温環境での生育に優勢となって，現存の超好熱菌へと系統的につながっているのであろう．

　RNA は DNA から転写された後にさまざまな修飾が起こる．tRNA の転写後修飾は全生物に普遍的であるが，チミン塩基中の酸素原子を硫黄原子に置換したり，グアニン塩基のアミノ基にメチル基が付加されるなど，好熱菌に特徴的な修飾もある．高度好熱細菌 *T. thermophilus* では，チミン塩基の修飾に関与する遺伝子を破壊すると 80℃ 以上での生育が抑制され，超好熱古細菌 *Pyrococcus furiosus* においては，100℃ で生育させた菌体中のメチル化修飾塩基の含量は，70℃ 生育の場合と比較して 3 倍にも達する．これらの修飾が，高温環境における tRNA の安定化に寄与していると推測されている．

C．タンパク質

　高度好熱菌や超好熱菌の生育温度は，鶏卵であればすっかりゆで卵になっている温度である．好熱菌の産生するタンパク質は，このような高温環境においても変成せずに働く．すなわち耐熱性を示す．これら高度耐熱性タンパク質は，熱安定な産業用酵素として重要である(5.1.4 参照)．また，好熱菌由来耐熱性タンパク質の相同タンパク質が常温菌にも存在する場合，それらタンパク質全体のフォールディング(折り畳み)は類似していることが多く，両者の比較により安定化の分子機構が解明できる．これはタンパク質科学の観点から，また既存のタンパク質を改変して機能向上を図るタンパク質工学の観点からも興味深い．

　好熱菌由来のタンパク質が示す熱安定性は，変性速度が遅いことに起因する．また熱力学的には，タンパク質の安定性は折り畳まれた状態と変性状態のエネルギーの差が大きいほど安定となる．多くの耐熱性タンパクでは，このエネルギー差が常温性タンパクより大きくなっていることと，温度を上昇させていった際にエネルギー差が変化する度合いが小さくなっていることの両方の特徴を示す．このような熱安定化を実現するための分子機構としては，これまで検討されてきたタンパク質でまちまちであり，すべての耐熱性タンパク質に共通する機構は見いだされていない．これはタンパク質構造が，図 5.6 に示すような水素結合，イオン結合，疎水性相互作用，ジスルフィド結合などの構造安定化

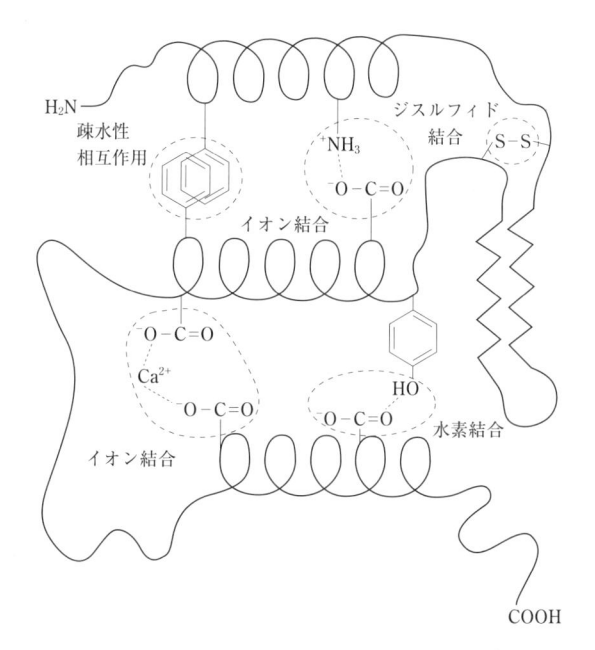

図 5.6 タンパク質内部における相互作用.

因子と，側鎖間立体障害などの不安定化因子との微妙なバランスの上に成り立っているからである．逆にいえば，タンパク質構造の安定化にはさまざまな手段を用いることができる．エネルギー変化を大きくする理由としては，タンパク質がきつく折り畳まれていること，側鎖の小さなアミノ酸が少ないこと，空隙が少ないことなどがある．エネルギー差が変化する度合いを小さくするためには，内部に大きくて密な疎水性コアをもたなければならない．また耐熱性タンパク質では，表面に電荷を帯びたアミノ酸残基が多数局在してイオン結合（イオンペアネットワーク）を形成する．*T. kodakaraensis* 由来の O^6-メチルグアニン-DNA メチルトランスフェラーゼでは，表面のイオン対ネットワークに加えて，タンパク質内部の α ヘリックス内イオン結合や α ヘリックス間イオン結合による構造安定化を実現している．また同じく *T. kodakaraensis* 由来の耐熱性リブロース-1,5-二リン酸カルボキシラーゼ/オキシゲナーゼ（ルビスコ）は，二量体を構成単位とする十量体五角形構造をとる珍しいタンパク質で，

五角形構造をとることによって二量体の変性を防いでいる．

　一般にこれら好熱菌由来の耐熱性酵素は，その遺伝子を大腸菌などの常温微生物を宿主として発現させた組換え型酵素であっても，耐熱性酵素として機能する．耐熱性タンパク質にとって，温度上昇はむしろ正しい折り畳みに必要で，超好熱菌由来の耐熱性酵素遺伝子を大腸菌で発現させた組換え型タンパク質を高温環境下におけば，構造が成熟し安定化する．組換え大腸菌抽出液の熱処理は，常温性宿主由来のタンパク質を変性沈殿させて除去する粗精製に加えて，熱成熟の点においても有効である．

D. 代謝

　中等度好熱菌や高度好熱菌では，多くの場合，常温生物と類似した酵素で代謝経路が構成されている．超好熱菌の代謝経路は，独特の経路か常温性生物のものとはおおまかに共通でありながらも，独特の酵素を含む変型経路であることが多い．

　高度好熱性の*Thermus*属細菌では，塩基性アミノ酸であるリジンの生合成が細菌に一般的なジアミノピメリン酸経路ではなく，カビや酵母などの下等真核生物においてのみ存在するαアミノアジピン酸経路の変型で合成されることが見いだされている．この新規なリジン生合成経路は，反応的にも酵素的にも，前半部はロイシン生合成経路やTCAサイクルの一部と，後半はアルギニン生合成経路と類似している．またその遺伝子クラスターは超好熱古細菌である*Pyrococcus*属や*Thermococcus*属のゲノムにも保存されていることから，代謝経路の進化という観点からも興味深い．

　超好熱菌の代謝でよく研究されているのが糖代謝である．好気性の好熱古細菌*Sulfolobus*属は，一部の常温性細菌が有するエントナー・ドゥドロフ(Entner-Doudoroff)経路に類似した経路を有しているが，ホスホエノールピルビン酸の生成までリン酸化が行われない．*Thermococcus*属や*Pyrococcus*属の超好熱古細菌では，変型の解糖系(エムデン・マイヤーホフ(Embden-Meyerhof)経路，EM経路)を有している(図5.7)．この変型EM経路では，ATPではなくADPをリン酸供与体とするグルコキナーゼとホスホフラクトキナーゼが働き，グリセルアルデヒド-3-リン酸はフェレドキシン依存型酸化還元酵素によって一段階で酸化されるなどの違いがある．ピルビン酸とATPからホスホエノー

5.1 好熱菌

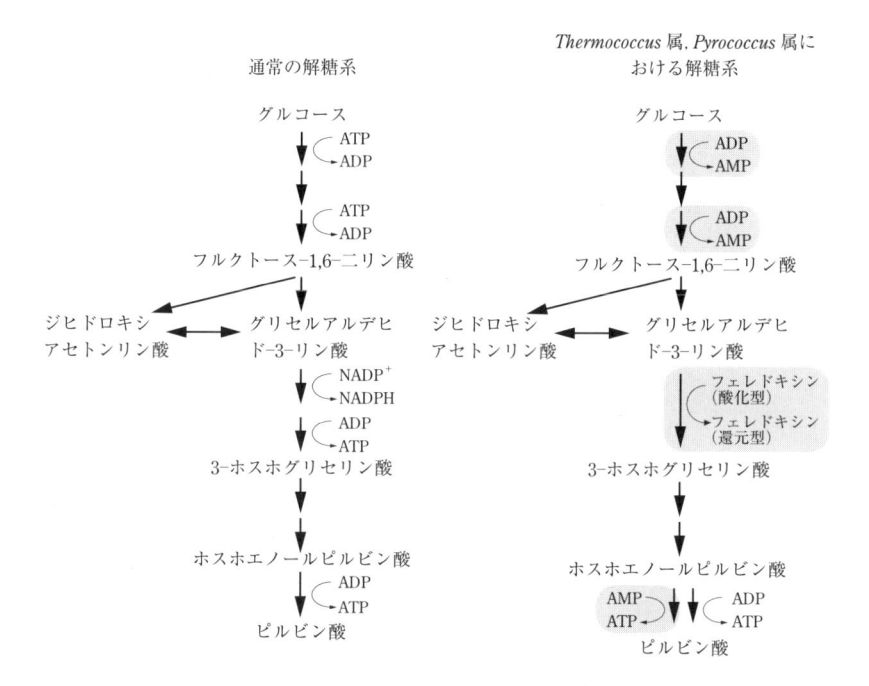

```
         通常の解糖系                    Thermococcus 属, Pyrococcus 属に
                                        おける解糖系
           グルコース                        グルコース
              ↓ ⤹ ATP                        ↓ ⤹ ADP
              ↓ ⤴ ADP                        ↓ ⤴ AMP
              ↓ ⤹ ATP                        ↓ ⤹ ADP
              ↓ ⤴ ADP                        ↓ ⤴ AMP
     フルクトース-1,6-二リン酸         フルクトース-1,6-二リン酸
              ↓                                ↓
   ジヒドロキシ     グリセルアルデヒ    ジヒドロキシ    グリセルアルデヒ
   アセトンリン酸 ⇄ ド-3-リン酸        アセトンリン酸 ⇄ ド-3-リン酸
              ↓ ⤹ NADP⁺                       ↓ ⤹ フェレドキシン(酸化型)
              ↓ ⤴ NADPH                       ↓ ⤴ フェレドキシン(還元型)
              ↓ ⤹ ADP
              ↓ ⤴ ATP
     3-ホスホグリセリン酸              3-ホスホグリセリン酸
              ↓                                ↓
     ホスホエノールピルビン酸         ホスホエノールピルビン酸
              ↓ ⤹ ADP                 AMP ⤹ ↓↓ ⤹ ADP
              ↓ ⤴ ATP                 ATP ⤴    ⤴ ATP
           ピルビン酸                       ピルビン酸
```

図 5.7 通常の EM 経路(左)と超好熱古細菌 *Thermococcus* 属, *Pyrococcus* 属における変型 EM 経路(右)の違い.

ルピルビン酸と AMP を生成するホスホエノールピルビン酸合成酵素は, 通常糖新生経路の酵素として働くが, 超好熱菌の変型 EM 経路では, その逆反応が解糖の最終段階であるピルビン酸生成反応において重要である. これは, 上述の ADP 依存性キナーゼによって生じた AMP の再利用に関与するためである. また, EM 経路を逆行する糖新生経路においても, 鍵酵素であるフルクトース 1,6-ビスホスファターゼは超好熱菌に固有のタイプである.

高温環境においては, 不安定な高エネルギー中間体の熱分解を回避して効率よく代謝しなければならない. たとえば超好熱古細菌 *P. furiosus* では, カルバモイルリン酸合成酵素とオルニチンカルバモイルトランスフェラーゼが複合体を形成することによって, 熱に不安定なカルバモイルリン酸を効率よく受け渡している.

5.1.4 好熱菌由来耐熱性酵素の応用

　高温で生育する好熱菌が産生するタンパク質は変性しにくいため，熱安定な産業用酵素として用いられる．最も広く普及している好熱菌由来酵素は，ポリメラーゼ連鎖反応(PCR)に用いられる耐熱性DNAポリメラーゼである．PCRとは，試験管内でDNAポリメラーゼによるDNA複製反応を繰り返し行い，2つの逆向きオリゴヌクレオチド（プライマーとよばれる）の領域を特異的に増幅させる技術である．常温菌の酵素は，二本鎖DNAを加熱して一本鎖に解離させる際に失活しやすいが，耐熱性DNAポリメラーゼを利用すれば失活しないので，温度を制御して増幅サイクルを自動的に行うことができ，爆発的に普及した．現在では医療，農学，生物工学，犯罪捜査などに不可欠の技術である．耐熱性DNAポリメラーゼとしては，高度好熱細菌 T. aquaticus 由来の酵素Taq DNAポリメラーゼが最初に利用され，その後増幅効率や正確性を向上させた種々の耐熱性酵素が開発・利用された．超好熱古細菌由来のα型DNAポリメラーゼは，正確性にすぐれているものの伸長活性は低いことが一般的であるが，T. kodakaraensis 由来酵素は高い伸長速度と高い正確性をあわせもち，PCRにおける長いDNA断片の増幅にも適している．

　デンプンの工業的糖化プロセスでは，まずデンプンを加熱してデンプンのりとし，それをαアミラーゼによって部分分解（液化）し，得られたデキストリン溶液をさらにグルコアミラーゼとプルラナーゼによって分解して，グルコースに変換する（糖化）．αアミラーゼとして Bacillus stearothermophilus や B. licheniformis 由来の耐熱性酵素が工業的に利用されているが，α多糖資化能を有する超好熱菌には，至適反応温度が80〜100℃というきわめて熱安定なαアミラーゼやプルラナーゼがある．高温で行うと，基質・生成物の高濃度化，粘度の低下，反応速度の増加，雑菌汚染の防止などの利点がある．

　好熱菌の中には，セルロース分解能を示すものが多く存在する．好熱細菌 Clostridium thermocellum は，多様なセルロース分解酵素からなる巨大複合体（セルロソーム）を細胞表層に構成して，セルロースを分解する．Thermotoga 属や Pyrococcus 属の超好熱細菌には，きわめて熱安定なβグリコシド結合切断酵素がある．グルコースが$\beta 1\rightarrow 4$結合で連結したセルロースは地球上で最大

のバイオマスであり，社会の脱石油化を推進するためにこれらの菌に有効利用が図られている．

5.2 低温菌（好冷菌，耐冷菌）

　地球表面の平均気温は15℃だが，表面積の70％を占める海洋の水の大部分は水温約2℃の深層水であるなど，広大な低温環境が存在する．生物圏の80％が低温環境で，低温でも生育する微生物は広く分布する．1975年に提唱されたR. Y. Moritaの定義では，0～5℃で生育可能な微生物のうち，至適生育温度が15℃以下で生育の上限温度が20℃以下の微生物を好冷菌（psychrophile），生育上限温度が20℃より高い微生物を耐冷菌（psychrotroph, psychrotolerant）と分類している．しかし，分類の境界を20℃とする根拠は乏しく，低温に適応した微生物をひとまとめに低温菌と称することもある．耐冷菌には，生育温度範囲が広く低温にも対応して増殖可能な微生物も含まれ，海洋，土壌，陸水など多くの自然環境から多様な菌種が分離される．国内の地下700mの水試料から，－10℃から－30℃で増殖する耐冷菌も見いだされる．一方で，低温環境に適応した好冷菌は年間を通じて低温が保持されている環境でしか生育できないため，分布が比較的限られている．これまでに深海，極地氷，海水魚などから，*Colwellia*属，*Moritella*属，*Psychromonas*属などが分離されているが，菌株例は少ない．

5.2.1　低温環境適応機構

　低温環境で生命活動を支えるためには，好熱菌の場合とは逆に，細胞における物質輸送や代謝，遺伝情報処理が低温でも十分に機能しなければならない．たとえば細胞膜は，その流動性と物質透過性が低温条件において維持されなくてはならない．微生物が低温にさらされると，細胞膜の脂肪酸はシス型不飽和脂肪酸の増加，脂肪酸の短鎖化，メチル分岐鎖脂肪酸の増加など，膜の相転移温度を下げる方向に変化する．特に*Shewanella*属低温菌では，細胞膜に高度不飽和脂肪酸を含んでおり，低温での膜の流動性の維持に寄与している．
　酵素が低温下で働くためには，反応中心付近が低温でも十分な柔軟性を保っ

て高い触媒活性を維持しなければならないが，柔軟性は熱安定性を損なう．実際，これまで解析された低温酵素の多くは高い触媒活性を示すが，熱安定性は低い．産業的には高い触媒活性と高い熱安定性を実現することが望ましいが，両者は相容れないことが多い．しかし分子工学的手法によって，高い触媒活性を保持しつつ熱安定性向上に成功した例もある．低温下で柔軟性を維持するためには，配列中のグリシンやメチオニンの増加，タンパク質内部における水素結合・疎水性相互作用・イオン結合などの相互作用の減少や，ループ部でのアミノ酸の挿入，タンパク質表面の高い親水性などがあるが，耐熱性酵素における熱安定化の分子機構と同様に，酵素の種類によって低温適応機構は異なる．

　低温菌 Colwellia maris ABE-1 株は，熱安定性の異なる2種類のイソクエン酸脱水素酵素をもっているが，このうち低温での触媒活性が高く熱に不安定な酵素は，培養温度を低下させた際に転写レベルで誘導を受ける．この酵素遺伝子を大腸菌に導入すると低温下における生育が改善されたことから，低温における生育には低温で機能する酵素による代謝が重要であると考えられる．細菌では低温環境にすると特異的なタンパク質（低温ショックタンパク質とよばれる）が誘導され，RNA の不適切な構造を解消することが示されている．また低温菌には低温下での生存に必要と考えられる一群のタンパク質が存在し，低温蓄積タンパク質として知られているが，その機能は不明である．

5.2.2 低温酵素の応用

　日本国内においては，家庭用洗剤は多くの場合加温しない水道水中で使用されることから，低温酵素は洗剤配合酵素として有用である．これまでに低温プロテアーゼ，低温アミラーゼ，低温リパーゼなど汚れ除去効果を有する酵素が低温菌から得られているが，実際に利用するためには，さらに界面活性剤や漂白剤，アルカリ性への耐性をも満たさなければならない．また食品加工分野では，熱に不安定な食品成分の分解を防止するために低温での酵素処理が必要となる場合が多く，低温酵素の活用が期待されている．

　分子生物学の分野では，不安定な生体分子を対象として低温化で多様な酵素反応を行うことが多く，また，使用後には次の操作への影響を避けるために穏和な条件で失活させることが望ましいことから，低温酵素の利用価値が高い．

遺伝子クローニング実験に利用されるアルカリフォスファターゼとして，低温酵素が市販されている．また，大腸菌などを宿主として異種タンパク質を大量生産させる場合，封入体が形成されるなどによって発現タンパク質が本来の機能を有さないことが多々ある．そこで，低温菌を異種タンパク質発現用宿主として利用し，通常の宿主では高生産が困難なタンパク質を低温条件で生産するシステムの開発が試みられている．

5.3 好塩性微生物

魚などの腐敗しやすい食品を保存する際，古くから塩蔵という方法が用いられてきた．食品に食塩(塩化ナトリウム)を加えることによって，食品中に存在する微生物の増殖(腐敗)が抑制されるため，イクラや新巻き鮭などが好例である．一方，みそ，しょうゆ，つけものなど日本独特の発酵食品は食塩を多量に含んでおり，一般の微生物による腐敗を防ぐとともに，高塩濃度下で増殖可能な微生物による限定分解によって独特な風味を醸し出している．自然界にも海洋，塩湖といった塩環境が存在しており，海洋細菌などの好塩性微生物の生息が確認されている．

5.3.1 好塩性微生物の定義と分類

食塩濃度に注目した場合，ほぼゼロから飽和に至る種々の食塩濃度下で増殖可能な微生物が知られている．そして微生物は，増殖に必要な食塩濃度に応じて，大きく非好塩性微生物と好塩性微生物に分類される(表5.2)．増殖に特に

表5.2 増殖に必要な食塩濃度に基づく微生物の分類

分類	増殖至適食塩濃度	例
非好塩性微生物	0〜0.2 M	大腸菌，黄色ブドウ球菌，枯草菌など
好塩性微生物		
低度好塩性微生物	0.2〜0.5 M	*Vibrio* 属，*Micrococcus* 属など
中度好塩性微生物	0.5〜2.5 M	*Paracoccus* 属など
高度好塩性微生物	2.5〜5.2 M	*Halobacterium* 属，*Halococcus* 属など

［大島泰郎監修，今中忠行，松沢　洋編，極限環境微生物ハンドブック，p.331，サイエンスフォーラム(1991)を改変］

食塩を必要としない微生物を非好塩性微生物とよび，0.2 M 以上の食塩を要求するものを好塩性微生物とよぶことが多い．大部分の陸生細菌や淡水生細菌は非好塩性微生物に属する．また，非好塩性微生物の中には，ある程度の濃度の食塩存在下においても増殖可能な，いわゆる耐塩性微生物も含まれる．しょうゆもろみ中に含まれるしょうゆ酵母などが典型例である．腐敗の原因菌の多くは非好塩性微生物に属するため，塩蔵という方法が効果的となるわけである．

好塩性微生物は，食塩要求性に応じてさらに細分される．最も一般的に受け入れられている分類法では，低度好塩性微生物は食塩濃度 0.2 ～ 0.5 M で，中度好塩性微生物は 0.5 ～ 2.5 M，高度好塩性微生物は 2.5 ～ 5.2 M の条件で，それぞれ最もよく増殖する．

A. 低度好塩性微生物

海洋は 0.5 M (3.5%) 程度の食塩を含むことから，低度好塩性微生物の大部分は海洋微生物である．低度の好塩性をもつ海洋微生物はすべて細菌（真正細菌）であり，グラム陰性菌，グラム陽性菌の両方が分離されている．これらの微生物はすべて，生育に比較的高濃度のナトリウムイオンを必要とする．非好塩性微生物である陸生細菌の中には，食塩濃度 0.2 M 以上の条件下でも良好に生育する耐塩性微生物も多いが，増殖に必ずしもナトリウムイオンを要求しない点で低度好塩性微生物とは区別される．

B. 中度好塩性微生物

中度好塩性微生物は，塩蔵した肉や魚，しょうゆもろみ，塩田の砂や天日塩，塩湖などから分離されている．きわめて広範囲の食塩濃度下で生育可能であり，塩濃度変化に対する適応性の高い微生物群といえる．中度好塩性細菌の中には，食塩を特異的に要求するものと，食塩以外の塩類を含む培地中でも生育可能なものとがある．

C. 高度好塩性微生物

最も高い食塩濃度に適応した微生物が高度好塩性微生物であり，飽和食塩濃度下で生育可能なものも多い．塩蔵した魚や皮革に赤い斑点を生じさせる汚染菌として分離されたのが最初といわれている．高度好塩性微生物は，主として塩田，天日塩，塩湖などから分離されている．塩湖というのは乾燥地帯の内陸部にあり，水面が海面よりも低く，流出する川をもたない．このような湖では

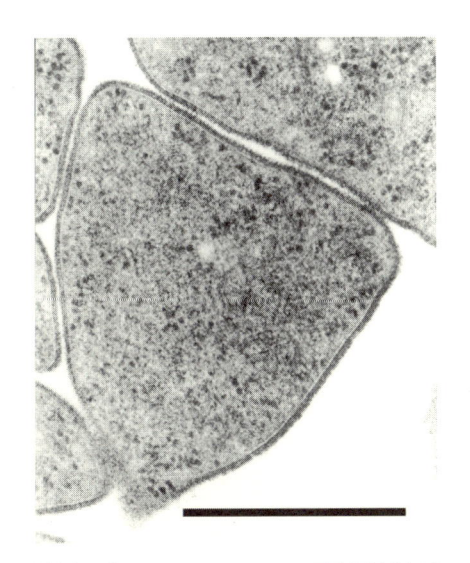

図 5.8 高度好塩性古細菌 *Haloarcula japonica* の電子顕微鏡写真．バーは 1 μm．
〔東京工業大学大学院生命理工学研究科編，図解バイオ活用技術のすべて，
p.63，工業調査会（2004）〕

流入する川の水に含まれる塩分が蒸発によって濃縮され，飽和近くにまでなっている．イスラエルの死海，アメリカのグレートソルト湖，ケニアのマガディ湖など，世界各地に多くの塩湖が分布している．

低度好塩性微生物および中度好塩性微生物が基本的に細菌に属するのに対し，大部分の高度好塩性微生物は古細菌に分類される．これまでに世界各地の塩湖などから高度好塩性古細菌が分離されており，現時点で 20 属以上が報告されている．日本においても，石川県能登半島の塩田土壌より三角形平板状の特徴的な形態を有する高度好塩性古細菌が分離されており，*Haloarcula japonica* と命名された（図 5.8）．いずれの高度好塩性古細菌も，生育に高濃度のナトリウムイオンを要求する．

5.3.2 好塩性微生物の高塩濃度環境適応機構

A. 好塩性微生物の浸透圧調節機構

水分子は細胞膜を透過できるため，微生物細胞を高塩濃度の環境においた場

5 極限環境に生きる生物

合，細胞からの水の流出が起こる．したがって，好塩性微生物が高塩濃度環境下で生育するためには，細胞内の溶質濃度を外界に合わせて調節する必要がある．このような浸透圧調節機構は，好塩性微生物のみならず，非好塩性微生物においても備わっている．

a. 低度および中度好塩性細菌における浸透圧調節

非好塩性細菌ならびに低度・中度好塩性細菌の浸透圧調節は，特定の溶質の輸送あるいは合成を促進し，それを細胞内に蓄積することにより行われる．そして，これらの細菌の耐塩性の上限は，個々の細菌に備わった浸透圧調節能と関係しているようである．

これまでに，非好塩性細菌の浸透圧調節機構について多くの知見が得られている．たとえば，大腸菌 (*Escherichia coli*) のようなグラム陰性細菌を生理的濃度 (150 mM 程度) の食塩を含む培地で増殖させた場合，細胞内にカリウムイオンが 230 mM 程度蓄積する．カリウムイオンは細胞内での代謝活性の維持に重要な役割を果たしており，特にタンパク質合成系において必須イオンとして働くことが知られている．そして培地中の食塩濃度を上げると，細胞内のカリウムイオン濃度が上昇するとともに，電気的中性を保つため対イオンとしてのグルタミン酸が増加してくる．一方，黄色ブドウ球菌 (*Staphylococcus aureus*) のようなグラム陽性細菌の場合，生理的食塩濃度下においても，細胞内には 600 mM 程度のカリウムイオンが蓄積され，グルタミン酸を主とするアミノ酸プールも大きい．この状態は，ちょうどグラム陰性細菌を高食塩濃度条件で培養した場合に相当する．細胞内に高濃度のカリウムイオンを蓄積できる細菌ほど耐塩性が高いといわれており，一般にグラム陽性細菌がグラム陰性細菌に比べて高い耐塩性を有しているゆえんである．グラム陰性細菌，グラム陽性細菌，いずれの場合も培地の食塩濃度をさらに高めていくと，脱水作用により細胞内のカリウムイオン濃度はさらに増加する．細胞内カリウムイオン濃度の過度の上昇は代謝系に悪影響を及ぼすため，細胞内の浸透圧を高めるための別の手段が必要となる．両性イオン型物質であるプロリンやベタイン (N, N, N-トリメチルグリシン) などがその働きを担う．これらの物質は対イオンの蓄積を必要とせず，代謝機能に及ぼす影響も少ない．それ以外に，高濃度食塩存在下で培養した細胞からは，グリセロール，トレハロース，スクロースなどのいわゆる

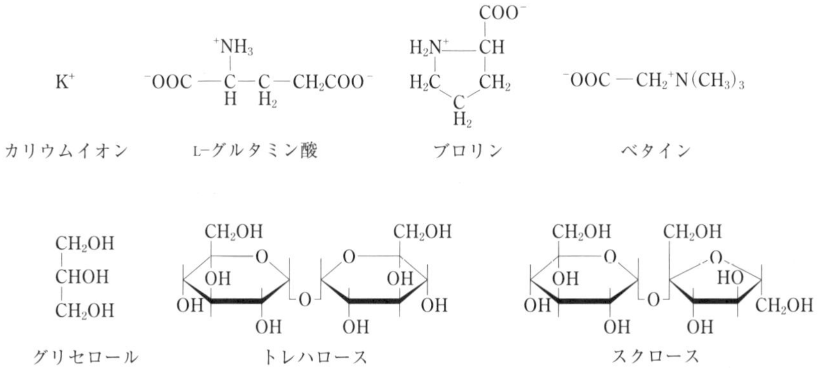

図 5.9 種々の微生物にみられる適合溶質.
[掘越弘毅ほか, 極限環境微生物とその利用, p.75, 講談社(2000)]

ポリオール類も検出されており，これらを総称して適合溶質とよぶ(図 5.9).

低度および中度好塩性細菌においても，上述の非好塩性細菌に類似の浸透圧調節機構が機能しているらしい．たとえば，海洋細菌 *Vibrio alginolyticus* の細胞内全溶質濃度は培地濃度よりも常に高く維持され，カリウムイオンもある程度高濃度に保たれている．しかし，増殖に最適な範囲($0.4 \sim 0.8$ M)で食塩濃度を増加させた場合においても，カリウムイオンは一定値(400 mM 程度)を維持しており，培地の食塩濃度の影響を受けない．その一方で，培地の食塩濃度の増加につれて，ナトリウムイオン，グルタミン酸，プロリンの濃度の上昇が観察される．1.5 M の食塩存在下で培養した場合，グルタミン酸の蓄積量は酸性アミノ酸の 99% を，そしてプロリンは中性アミノ酸の 48% を占めるに至る．低度および中度好塩性細菌における適合溶質としては，カリウムイオン，グルタミン酸，プロリン以外にもベタインやポリオール類が検出されているが，細菌によって浸透圧調節に寄与する物質は微妙に異なっているようである．

b. 高度好塩性古細菌における浸透圧調節

飽和に近い食塩濃度下で増殖可能な高度好塩性古細菌は，細胞内にも高濃度の塩を蓄積しており，それによって細胞外の高い浸透圧に対抗している．細胞内に存在する塩は，細胞外の塩(食塩)とは異なり，飽和に近い濃度($3 \sim 4$ M)の塩化カリウムである．ベタインも検出されているが，その濃度はわずかであ

る．したがって高度好塩性古細菌の場合，外界に存在するナトリウムイオンとの浸透圧バランスは，おもにカリウムイオンにより保たれている．通常の酵素は高濃度のカリウムイオンなどによって活性が阻害されるが，高度好塩性古細菌の細胞内酵素は高濃度の塩（塩化カリウムや塩化ナトリウム）存在下で機能することができ，そのため代謝活性は阻害されない．高度好塩性古細菌の酵素の中には，高濃度の塩類によって活性が阻害されないばかりか，活性発現に高濃度の塩類を必要とするものも珍しくない．塩化ナトリウムよりは塩化カリウムに依存する酵素が多く，生理的に必要な塩は塩化カリウムであると考えられる．このように，高度好塩性古細菌の高食塩濃度環境への適応機構は，細菌とは全く異なるきわめて特殊なものといえよう．

B. 好塩性微生物の膜機能とエネルギー転換系

好塩性微生物は生育に食塩を要求とすることは5.3.1で述べたが，細胞を低塩濃度の水溶液にさらすと容易に溶菌し，浸透圧ショックに対してきわめて弱い．溶菌とは，細胞質内の溶質とりわけ核酸やタンパク質などの高分子物質が，細胞外に流出する現象をさす．好塩性微生物の溶菌からの保護効果はカチオンの種類により異なっており，たとえばナトリウムイオンの効果はカリウムイオンよりはるかに大きい．このような傾向は，低度・中度好塩性細菌だけでなく，高度好塩性古細菌においても認められている．溶菌からの保護効果は，単に塩類による浸透圧的効果だけでは説明できない．海洋細菌 *V. alginolyticus* において，ナトリウムイオンは細胞膜の構造を安定化する働きを担っていることが明らかにされている．ナトリウムイオンは，細胞膜の安定化だけでなく，好塩性微生物のエネルギー転換系に対しても重要な役割を果たしている．

a. 非好塩性微生物のエネルギー転換系

ミッチェル（Peter D. Mitchell）の化学浸透説によれば，ミトコンドリア膜に局在する呼吸鎖電子伝達系を電子が流れる際に，膜内外に電気化学的プロトン（水素イオン，H^+）濃度勾配が形成され，この電気化学ポテンシャル差（$\Delta\mu_{H^+}$）すなわちプロトン駆動力がATP合成の原動力となる．多くの生物においては，このプロトン駆動力が最も重要なエネルギーの供給源であり，「プロトンの循環」によるエネルギー共役が成立している．たとえば好気性・運動性の非好塩性細菌においては，呼吸鎖に共役したプロトンポンプ活性が備わっており，

ATP合成だけでなく，アミノ酸の能動輸送やべん毛の回転運動にもプロトン駆動力が利用される．

b. 低度および中度好塩性細菌のエネルギー転換系

　好塩性微生物(低度および中度好塩性細菌ならびに高度好塩性古細菌)にも呼吸鎖に共役したプロトンポンプ活性が備わっており，非好塩性細菌と同様，プロトン駆動力を利用するATP合成が行われている．すなわち好塩性微生物においても，「プロトンの循環」によるエネルギー共役が成立している．

　一方，低度好塩性の海洋細菌 *V. alginolyticus* を用いる研究から，本菌のアミノ酸能動輸送にはナトリウムイオンが必須であり，ナトリウム駆動力(ナトリウムイオンの電気化学ポテンシャル差，$\Delta\mu_{Na^+}$)がエネルギー源となっていることが明らかにされた．アミノ酸輸送系のナトリウムイオン依存性は，広く中度好塩性細菌および高度好塩性古細菌においても認められており，好塩性微生物すべてに共通した性質と考えられる．また，低度および中度好塩性細菌では，べん毛運動のエネルギーもプロトン駆動力ではなくナトリウム駆動力により供給される．これら好塩性微生物のアミノ酸輸送などに必須なナトリウム駆動力は，Na^+/H^+対向輸送系(アンチポーター)によるナトリウムイオン排出系の働きにより，プロトン駆動力から二次的に形成される．さらに低度および中度好塩性細菌においては，Na^+/H^+対向輸送系によるナトリウムイオン排出系とは別に，呼吸鎖に共役したナトリウムポンプが存在する．そのため，低度および中度好塩性細菌はプロトン駆動力を経由せず，ナトリウム駆動力を一次的に獲得することができる．すなわち，低度および中度好塩性細菌は，エネルギー共役イオンとしてプロトンだけでなくナトリウムイオンも利用でき，環境に応じて両者を使い分けている．「ナトリウムイオンの循環」によるエネルギー共役は，ナトリウムイオンが豊富な塩環境に適応した姿と考えられよう．

c. 高度好塩性古細菌のエネルギー転換系

　代表的な高度好塩性古細菌 *Halobacterium salinarum* には光駆動性プロトンポンプが備わっており，呼吸鎖と併せてプロトン駆動力の形成に働くことが知られている．光駆動性プロトンポンプのバクテリオロドプシン(bR)は，その呼び名のとおり，光エネルギーによりプロトンを細胞の中から外へと汲み出すポンプとして機能する．高度好塩性古細菌は，生育環境に酸素が豊富な場合は

5 極限環境に生きる生物

呼吸鎖電子伝達系に依存してエネルギーを獲得するが，酸素が欠乏した際には光駆動性プロトンポンプが呼吸鎖電子伝達系の代役を務めることになる．

　低度および中度好塩性細菌の場合と同様，高度好塩性古細菌のアミノ酸輸送系もナトリウムイオン依存的であることは前項で述べたが，低度および中度好塩性細菌とは異なり，べん毛運動のエネルギーはプロトン駆動力によって供給される．また，低度および中度好塩性細菌に備わっているナトリウムポンプは，高度好塩性古細菌からは見つかっておらず，高度好塩性古細菌と低度および中

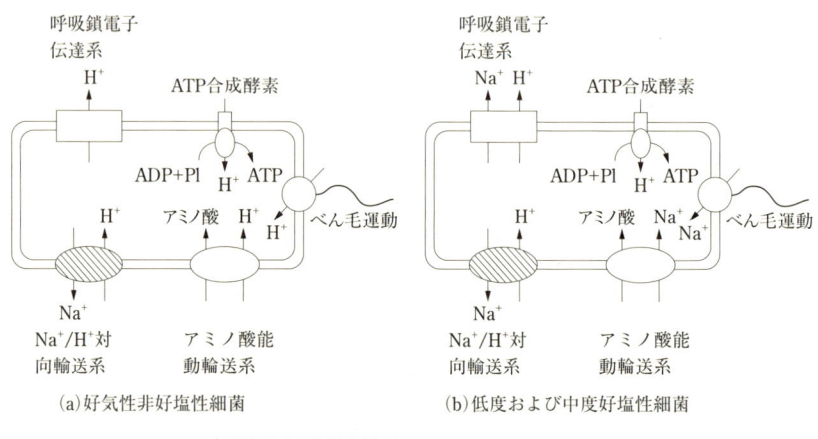

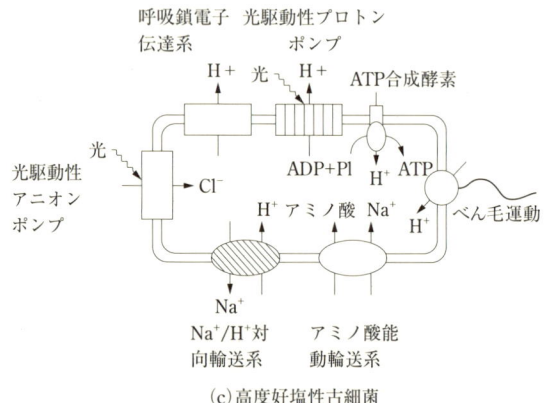

図 5.10 非好塩性微生物および好塩性微生物におけるエネルギー転換系の概略．
　　　　　［掘越弘毅ほか，極限環境微生物とその利用，p.82，講談社 (2000)］

度好塩性細菌とは少し異なるエネルギー転換系を有しているようである．典型的な非好塩性微生物，および好塩性微生物(低度および中度好塩性細菌と高度好塩性古細菌)におけるエネルギー転換系の概略を，図5.10に模式的に示す．

5.4 好アルカリ性微生物

発酵飲料や発酵食品に酸性のものが多いためか，酸性pHで成育する微生物の研究は古くから行われてきた．一方で好アルカリ性微生物由来の酵素は，洗剤添加用酵素をはじめとして多くの分野で実用化され，好熱性微生物酵素と並び工業用酵素の主役の座に君臨するに至っている．ところが意外にも，好アルカリ性微生物研究の歴史は40年にも満たない．アジサイ(紫陽花)の花の色は，土壌のpHやアルミニウムイオン濃度によって変化するという．またこの地球上には，酸性からアルカリ性まで多様なpHの環境が存在する．では，好アルカリ性微生物はアルカリ性の環境にのみ生育しているのだろうか．

5.4.1 好アルカリ性微生物の定義と分布

好アルカリ性微生物の明確な定義はなく，生育の至適をpH 9以上に有する

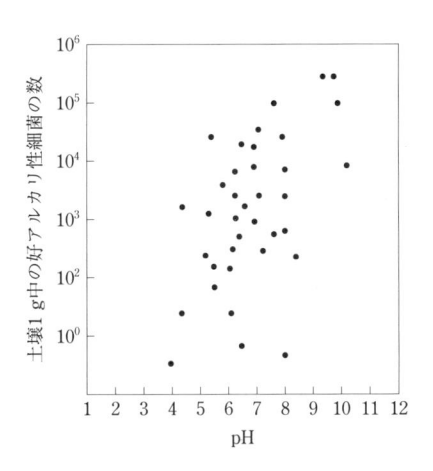

図5.11 好アルカリ性微生物の数と土壌pHの関係．
［掘越弘毅ほか，極限環境微生物とその利用，p.16，講談社(2000)］

微生物をさすことが多い．そして好アルカリ性微生物のうち，中性以下のpHでは生育しないものは絶対（偏性）好アルカリ性微生物，そして中性以下のpHにおいても生育可能なものは通性好アルカリ性微生物などともよばれる．また，pH 9以上で生育可能であっても生育の至適がpH 9以下の微生物は，耐アルカリ性微生物という．

自然界における好アルカリ性微生物の分布を調べる目的で，種々のpHの土壌からの好アルカリ性微生物の分離が試みられた．その結果，図5.11に示すように，好アルカリ性微生物はpH 4以上の土壌に普遍的に存在していた．すなわち，好アルカリ性微生物が生息しているのは，必ずしもアルカリ性の環境だけではないことが明らかとなったわけである．また，土壌1g中に含まれる好アルカリ性微生物の数は$10^2 \sim 10^6$個であり，通常の中性菌の1/10～1/100程度と考えられる．これまでに分離された好アルカリ性微生物は，*Bacillus*属細菌，放線菌，高度好塩性古細菌，酵母，糸状菌など多岐にわたる．

5.4.2 好アルカリ性微生物のアルカリ性環境適応機構

好アルカリ性微生物は，どのようにしてアルカリ性の環境に適応しているのだろうか．また，アルカリ性のpHを好んで生育するはずの好アルカリ性微生物が，中性や弱酸性の土壌にも生息しているのはなぜだろうか．一見すると全く異なるこの2つの疑問が，実は互いに密接に関連している．

A. 好アルカリ性微生物の細胞内外のpH

生育の至適をpH 9にもつ好アルカリ性*Bacillus*属細菌を，種々のpHで培養した場合の培養液pHの経時変化を調べた結果を，図5.12に示す．pH 10以上で培養を開始した場合，細胞はゆっくりと増殖し，増殖に伴い徐々にpHが低下する．そして，生育の至適のpH 9付近に達した段階で急激に増殖がみられる．一方pH 8以下で培養した場合も，細胞増殖に伴い徐々にpHが上昇し，最終的にpH 9に落ち着くという．すなわち，この好アルカリ性細菌には，自身を取り囲む環境のpHを自身の都合のよいpHに変化させる能力が備わっていることになる．ダーウィン（Charles R. Darwin）の進化論では，環境に適応する形質を獲得した種が自然選択されると説明されているが，細菌のような下等な生物に周囲の環境を変えてしまうような能力が備わっていることは驚きである．

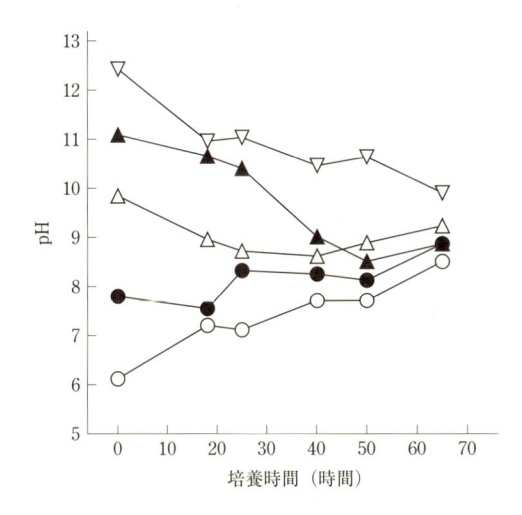

図 5.12 好アルカリ性 *Bacillus* 属細菌の培養に伴う培養液 pH の経時変化.
[掘越弘毅ほか,極限環境微生物とその利用,p.17,講談社(2000)]

　好アルカリ性微生物が中性や弱酸性の土壌にも存在しているのは,自身の周囲の環境を局所的にアルカリ性に変えているためと考えられよう.
　さて,好アルカリ性微生物を取り巻く環境は基本的にアルカリ性であり,好アルカリ性微生物が細胞外に分泌した酵素の多くは,アルカリ性条件において高活性を示す.ところが,好アルカリ性微生物の細胞内酵素の至適反応 pH は中性域にあり,その細胞内は中性に保たれていると考えられている.これより,好アルカリ性微生物の細胞内酵素は中性菌のものとほぼ同一と考えられ,産業応用されている好アルカリ性微生物由来の酵素がすべて細胞外分泌酵素であるのは,このためである.

B. 好アルカリ性微生物の細胞表層構造とエネルギー転換系
　好アルカリ性微生物の特徴は,細胞内外の pH を調節できる点にあるといえるが,その機能は細胞表層(細胞壁および細胞膜)に備わっている.好アルカリ性細菌 *Bacillus halodulans* から細胞壁を除去したプロトプラストを,pH 9 以上の環境にさらした場合,細胞膜の溶解が観察される.このことから,*B. halodulans* の細胞壁には,なんらかのアルカリ性環境適応機構が備わっていることが

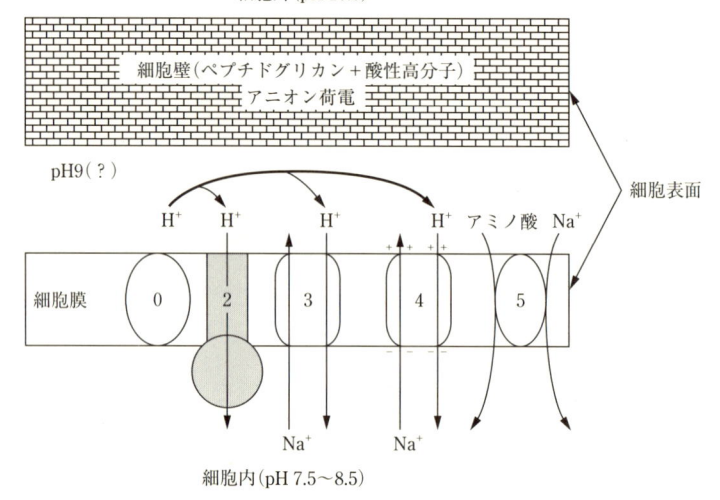

図5.13 好アルカリ性細菌 *B. halodulans* の細胞表層に備わった pH 調節機構.
[掘越弘毅ほか，極限環境微生物とその利用，p.24，講談社(2000)]

わかる．また，アルカリ性条件で培養した *B. halodulans* の細胞壁には，枯草菌(*Bacillus subtilis*)などの中性菌に広くみられるペプチドグリカン以外に，テイクロン酸やテイクロノペプチドなどの酸性高分子物質が多く含まれることが明らかにされた．細胞表面に多量に存在するこれらの酸性高分子物質が，その負電荷により外界のプロトンやナトリウムイオンを引き付け，あるいは水酸化物イオン(OH^-)を遠ざけるバリアーの役目を果たすのであろう．さらに *B. halodulans* の細胞膜上にも，Na^+/H^+ 対向輸送系(5.3.2.B 参照)が見いだされている．Na^+/H^+ 対向輸送系は，細胞内のナトリウムイオンを排出しプロトンを取り込むことで，細胞内 pH の調節に機能していると考えられている．けっきょく *B. halodulans* の細胞表層には，細胞内外の pH を静的に調節する細胞壁酸性高分子物質と，動的に調節する細胞膜 Na^+/H^+ 対向輸送系という，2つの pH 調節機能が備わっていることになる(図5.13)．

多くの生物において ATP 合成の原動力はプロトン駆動力であり，「プロトンの循環」によるエネルギー共役が成立していることは，すでに述べたとおりで

ある(5.3.2.B 参照).しかしながら,好アルカリ性微生物をアルカリ性で培養した場合,細胞外 pH は細胞内 pH よりも高いため(すなわち細胞外プロトン濃度のほうが細胞内プロトン濃度よりも低いため),ATP 合成をプロトン駆動力に依存するのは効率的でなく,ナトリウム駆動力の利用が有利となることが予想される.実際,好アルカリ性微生物は中性条件よりもアルカリ性条件でより高い運動性を示し,好アルカリ性微生物のべん毛の回転運動にはナトリウム駆動力が用いられるという.しかしながら,好アルカリ性微生物の ATP 合成はプロトン駆動力に依存することが示されており,好アルカリ性微生物のエネルギー転換系には不明な点が多く残されている.

6 健康と環境

　生物には親から子へと伝わる遺伝子があり，その遺伝子を研究するのが遺伝学である．他方，生物の働きや特性を研究して発展してきたのが生物学である．元来，両者は別々に発展してきたが，ワトソン（James D. Watson）とクリック（Francis H.C. Crick）が発見したDNA二重らせん構造は，遺伝学と生物学をみごとに統一する概念をわれわれに与えた．

　人はひとりひとり異なるDNAをもっており，そのために姿かたちや性格なども異なる．血縁関係のない人と人の遺伝子配列は，99.9％同一であり，違いは約0.1％であるといわれている．人のDNAは3×10^9塩基対であるので，その0.1％というと，およそ3×10^6の塩基配列の違いがあることになる．これらが顔の違い，性格の違い，病気にかかりやすさの違いなど，すべての個体差の原因を担っている．塩基配列の違いのほとんどは，発現しない遺伝子であるイントロンにおける塩基配列の繰り返しの数や，小さな欠失あるいは数塩基の挿入などで，遺伝子の機能そのものに直接影響を与えないものがほとんどであるので，実際に意味のある違いは10^6よりずっと少ない．

　では，人の一生は，生まれたときにすでにDNAの配列として規定されているのだろうか．もちろん答えはノーである．では，どれくらいが遺伝で決まっており，どれくらいが遺伝以外の要因（環境要因）により変わりうるのだろうか．ここでは，人の健康に及ぼす遺伝要因と環境要因について考えてみたい．

6.1 環境要因とは

人の健康や発達・成長・老化に具体的に影響を与える要因としては，どのようなものがあるだろうか．食物や飲料水などの「栄養(nutrition)」は，環境要因の大きな因子の1つである．身体や脳の生後発達にとって欠くことができない必須栄養素があり，発達段階でのこれらの栄養素の欠落・欠乏は，身体への不可逆的な影響を及ぼすからである．学習や練習(訓練)によっても，人はある一定の能力を獲得することができる．また社会性の発達にとって，家族や周囲の人とのコミュニケーション・人間関係も重要である．

第二次世界大戦後，日本の高度成長期に児童の身長が年々増加した．この理由は，経済復興により日本人の栄養状態がよくなり，カルシウムなどの必須栄養素の摂取が十分となったためである．しかし，現代においても多くの日本人の体格は西洋の人々と比べると小柄である．これは，身長や体格が栄養状態だけで規定されているのではなく，遺伝的な因子によっても規定されていることを意味している．

6.2 栄養について

栄養摂取のための基本となる物質を，栄養素(nutrient)とよぶ．食物の中に含まれる栄養素は，1)糖質(carbohydrate)，2)脂質(lipid)，3)タンパク質(protein)，4)ビタミン(vitamin)，5)無機質(mineral)，の5つに分類される．栄養摂取の目的は，エネルギー産生，体成分の原料，代謝調節の3つに集約して考えることができる．

糖質は，多くの場合主食として穀類を摂取することにより補給される．エネルギー産生がおもな役割であるが，糖脂質や糖タンパク質として脳や結合組織の重要な構成成分ともなっている．

脂質は，糖質やタンパク質と比べて単位重量あたりの熱量が$9\,\mathrm{kcal\,g^{-1}}$と大きく，エネルギー産生とエネルギー貯蔵物質としての役割をもっている．また，細胞膜の構成成分としても重要であり，リン脂質や糖脂質の形で細胞内情報伝

達にもかかわっている．また，リノール酸，リノレン酸，アラキドン酸は体内で合成されず，欠乏により成長障害や皮膚炎が起こることから，必須脂肪酸とよばれている．

タンパク質は，細胞構築に重要なばかりでなく，酵素としてさまざまな成体内反応を触媒し，物質の運搬や分解など生体内でのあらゆる反応にとって欠くことができないものである．

糖質・脂質・タンパク質の三大栄養素ばかりでなく，ビタミンとミネラルも生体内での反応に欠くことができない．ビタミンとは，「微量で体内の代謝に重要な働きをしているにもかかわらず，自分で作ることができない化合物」と定義されていて，一般に13種類の化合物がビタミンとよばれている．最近では，ビタミン様作用を示す化合物もビタミンに準じて考えられており，バイオファクターとよばれている．ビタミンには，次のような水に溶ける水溶性ビタミンと水に溶けない脂溶性ビタミンとがある．

水溶性ビタミン：ビタミンB_1，ビタミンB_2，ビタミンB_6，ビタミンB_{12}，葉酸，ナイアシン，ビオチン，パントテン酸，ビタミンC

脂溶性ビタミン：ビタミンA，ビタミンD，ビタミンE，ビタミンK

水溶性ビタミンは過剰に摂取しても尿中に排泄されるだけであるが，脂溶性ビタミンは排泄されにくいため大量摂取により過剰症を引き起こす．脂溶性ビタミンをサプリメントとして比較的濃度の高い形で多量に摂取する場合には，注意が必要である．

無機質は，骨や歯など難溶性の塩を形成し体の構成成分として働くほかにも，細胞内外の浸透圧の調節，酸塩基平衡，筋収縮と分泌，膜の興奮性の調節，酵素の補欠分子族などとして多彩に働いている．Ca，P，K，Na，Cl，Mgは，生体が比較的多量に必要とする無機質である．これらに対して，量は多くないが生体にとって必須な無機質を微量元素とよぶ．微量元素にはFe，Zn，Se，Mn，Cu，I，Mo，Co，Cr，Fも含まれる．4章で述べたように，Fe，Zn，Se，Mn，Cu，Mo，Coは金属含有酵素の補欠分子族として，触媒反応に重要な役割を果す．

現在わが国においては，食料の不足による栄養障害はほとんどみられないが，栄養バランスを考えない食事や偏食のために引き起こされる潜在的なビタミン

欠乏症や，ビタミン欠乏による健康障害は，考えられている以上に多い．

6.3 遺伝と疾患

　遺伝学の基礎としてメンデル（Gregor J. Mendel）の法則がある．多くの遺伝病の中の一部に，メンデルの法則に従う病気も知られている．メンデル則に従う疾患では，ある遺伝子に生じた1つの変異が原因となり，病気が発症する．変異をもっていれば病気となるが，変異がなければその病気にはならない．このような疾患においては，環境要因は病気の発症にほとんど関与しないので，遺伝子を調べれば，患者であるか患者でないか見分けることができる．メンデル則に従う病気では，その人の遺伝子上に発症するかしないかの情報が書き込まれている．メンデル則に従う遺伝形式をとる疾患は，頻度としてはそれほど多くない．米国や北欧で比較的多いフェニルケトン尿症でも，発症頻度は新生児1万人あたりおよそ1人である．

　今日ではヒトの全ゲノムが解析されているので，特定の遺伝子の変異により発症する遺伝病はほとんど原因遺伝子が特定されている．多くの研究者がこれらの一遺伝子疾患を同定した方法と同様な方法で，コモンディジーズ（common disease）とよばれる高血圧や糖尿病，あるいはうつ病や統合失調症などの精神疾患の原因遺伝子も同定できると考え，これまでに世界中で膨大な労力が，コモンディジーズの原因遺伝子の解明のために費やされてきた．しかし，当初考えられたほどこのアプローチが簡単ではないことが明らかとなってきた．その理由は，コモンディジーズが1つの原因遺伝子の変異から起こる均質な疾患ではなく，多くの遺伝子がかかわって多因子遺伝をする疾患であり，患者も異なる原因により共通な症状をもつに至った異質（heterogeneous）な集団であることがわかってきたからである．

6.4 遺伝要因と環境要因

　すべての病気は，遺伝要因と環境要因との相互作用により発症する．一般に遺伝病とよばれる病気は，ある特定の遺伝子の変異により発症する疾患であり，

親から子に伝わる．一方，おもに環境要因により発症する疾患としては，感染症がある．感染症では，感染源となるウイルスや微生物に接することがなければ発症することはないので，遺伝要因だけで発症が規定されているわけではない．しかし，感染力が弱い病原体の場合には，同じ病原体にさらされても発症する人と発症しない人がいる．病原体に対する抵抗力の強弱は，その時の体調や免疫力の強さに依存する．免疫力の強さには遺伝的な要因も加味されるので，環境要因の大きな感染症の場合にも，遺伝因子がかかわっていることを意味する．純粋に環境要因だけで起こると考えられるのは，事故や外傷である．環境要因と遺伝要因を明確に区別することは容易ではない．多くの場合，遺伝子発現それ自体も環境要因により影響を受ける．また，人が通常の生活を営んでいるとき，環境要因が全く同じということはありえない．

　遺伝因子と環境因子がどのように疾患の発症にかかわっているかを調べるために，双生児による研究が一般的に行われる．これは，一卵性双生児と二卵性双生児で，一人が発症したときにもう一人がどれくらいの頻度で発症するかの差を調べるものであり，遺伝学用語で一致率(concordance)とよばれる．一卵性双生児は遺伝的に同一であると考えられるので，発症に遺伝因子の寄与が大きければ一致率が高く，環境因子が大きく影響すると一致率が低くなる．また，二卵性双生児では50%の遺伝子が同一であると考えられるので，一卵性双生児の一致率と二卵性双生児の一致率の差が大きいほど，関与する遺伝子の数が多い．また，二卵性双生児の発病一致率と，患者同胞(兄弟姉妹)の発病率にあまり違いがなければ，発育環境の共有が発症にあまりかかわらないと考えられるので，発症における環境的要因の関与は比較的小さいと推測できる．

　疾患によって遺伝要因と環境要因の寄与率はさまざまであり，糖尿病を考えてみても，ほぼ遺伝要因だけで発症する特殊な遺伝性糖尿病もあれば，全く家族歴のなく生活習慣から発症していると考えられる糖尿病もあるように，1つの疾患でもさまざまである．遺伝が明らかな特殊な場合を除いて，遺伝と環境の要因による影響を一致率から調べると，図6.1のような順番になる．乾癬とよばれる皮膚疾患は遺伝の寄与が大きく，逆にがんは環境要因が大きい．統合失調症やIQ(知能指数)についても，遺伝的要因が比較的大きい．糖尿病や喘息になるとやや環境要因が勝っており，多発性硬化症という脳の疾患の場合に

6 健康と環境

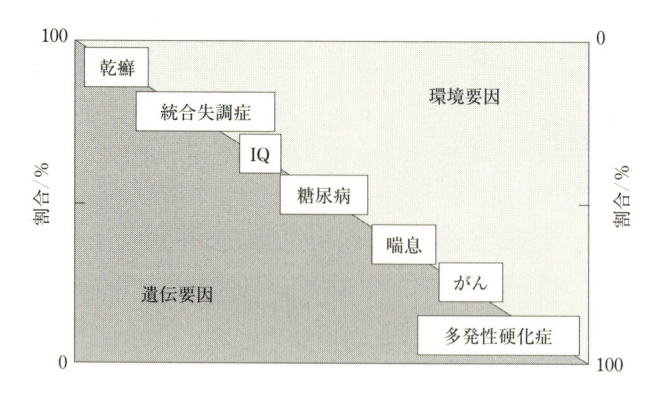

```
100                                        0
    乾癬
        統合失調症                環境要因
            IQ
割              糖尿病                      割
合                                         合
/%                 喘息                    /%
                      がん
        遺伝要因
                         多発性硬化症
  0                                      100
```

図 6.1 遺伝要因と環境要因の割合.
[A. Chakravarti, P. Little, *Nature*, **421**, 412(2003)を改変]

は，ほとんど環境要因だけで発症すると報告されている．

ここで注意しておきたいことは，図 6.1 で遺伝の寄与が大きいとわかっている疾患でも，ここにあげている疾患は，多くの遺伝子が発症にかかわっているので，患者の同胞や子供における疾患の発症率は，一般の発病率よりはやや高いものの，それほど変わらない．つまり患者家族であっても，発症しない場合のほうが多い（発症率は一般の発症率とそれほど変わらない）ことを理解したい．つまり，これらの多因子遺伝をする疾患の発症には複数の遺伝子が関与しているので（5個から10個くらいと考えられている），兄弟や子供であってもこれらすべての遺伝子を患者と共有する確率は非常に低い．逆に発症していない人であっても，発症に関連する遺伝子の1つないし2つをもっている可能性があり，結果として，患者家族の発症率と一般人口における発症率がそれほど違わない結果となる．この点を勘違いすると，無用な不安や偏見を助長することになる．

6.5 パーキンソン病とは

神経疾患の1つであるパーキンソン病を例にとり，環境因子と遺伝因子の相互作用について具体的に考えてみる．パーキンソン病は高齢者に多い神経変性

疾患である．脳内のドーパミンが減少することにより，筋肉がこわばる，動作が遅くなる，手が震える，表情が乏しくなるなど，おもに運動機能の障害を起こす．病気が進行していくと，徐々に運動機能が低下して寝たきりとなる難病である．現在，病気の進行を抑える治療法はまだ開発されていない．

　発症の原因は，運動の制御を司る大脳基底核という領域にある黒質線条体系ドーパミンニューロンが，機能低下を起こし変性脱落していくためであることがわかっている．大脳基底核でのドーパミンの減少を補うために，ドーパミンの前駆体であるドーパが薬として使われていて，病気の初期には非常に有効であることがわかっている．ちなみに，パーキンソン病動物モデルに対してL-ドーパが有効であることを初めて明らかにした業績により，スウェーデンのカールソン（Arvid Carlsson）が，2000年のノーベル医学生理学賞を受賞している．

　パーキンソン病は老化と密接に関係している．ドーパミンニューロンは年齢とともに少なくなっていくため，120歳くらいまで長生きした場合には，すべての人がパーキンソン病に罹患するともいわれている．パーキンソン病患者では，遺伝要因あるいは環境要因により，ドーパミンニューロンが通常の加齢よりも早く減少していくために発症すると考えられている（図6.2）．神経変性疾

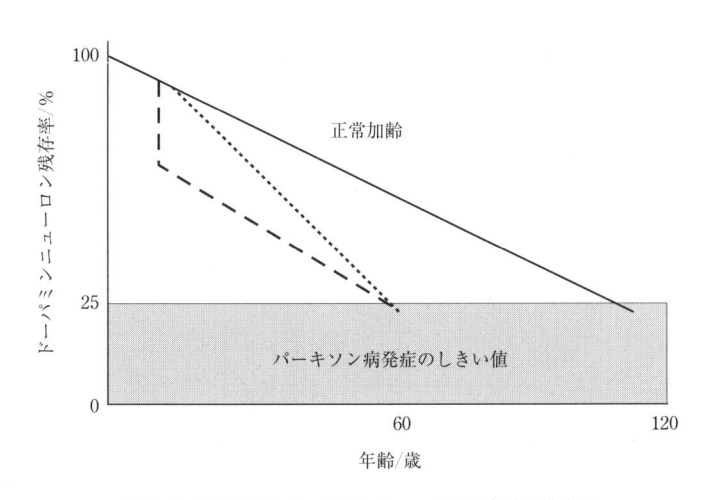

図6.2　老化によるドーパミンニューロン残存数の模式図．

患の中では，認知障害が主要な症状として現れるアルツハイマー病に次いで多い疾患であり，日本国内にも10万人以上の患者がいるといわれている．

6.5.1　パーキンソン病における遺伝要因

パーキンソン病は，いわゆる遺伝病の範ちゅうには入らないが，パーキンソン病患者の約5％には遺伝性のパーキンソン病がある．遺伝性のパーキンソン病は，原因遺伝子からおよそ10の型に分けることができる．特定された原因遺伝子の機能の解析から，ドーパミンニューロンの変性に，ユビキチンプロテアソーム経路に依存するタンパク質分解システムがかかわっていることが明らかとなった．また，いくつかの遺伝子産物は，リン酸化による細胞内情報伝達の役割を果たしている．

1999年に報告されたC.M. Tannerらの論文*によれば，50歳以降に発症したパーキンソン病の場合には，一卵性双生児の一致率が0.155，二卵性双生児でも0.111という結果で，一致率はそれほど高くなかった．それに対して，50歳以前に発症した患者においては，一卵性双生児では1.0，二卵性双生児では0.167であった．彼らの結果は，50歳以降に発症する一般的なパーキンソン病では，遺伝因子は発症にあまり寄与しておらず環境因子により発症すると考えられるが，50歳以前に発症する若年発症型パーキンソン病では，遺伝因子が大きく影響することを示唆した．

6.5.2　パーキンソン病における環境要因

遺伝性以外のパーキンソン病がどのような原因で発症するのかは未だに解明されていないが，発症にかかわっていると考えられる環境物質についての研究が進んでいる．人工的に合成された化学物質の中で，ドーパミンニューロンに対して毒性を発揮する化合物があることがわかっている．このことは，1982年に米国カリフォルニアで起きた事件に端を発して発見された．麻薬である合成ヘロインを服用した若者に，パーキンソン病そっくりの症状が現れたのである．なぜ一部の麻薬中毒患者に急にパーキンソン病様症状が現れたかの原因を

---

* C. M. Tanner et al., *JAMA*, **281**, 341 (1990)

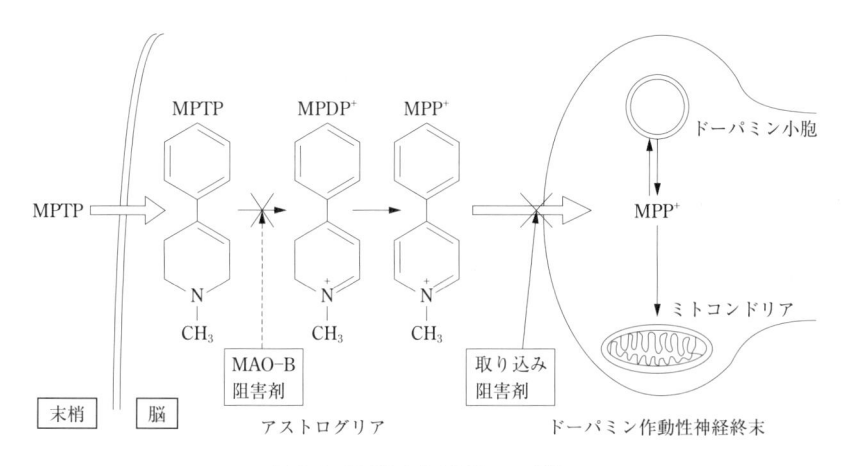

図 6.3 MPTP から MPP$^+$ への変換.

調べた結果，合成ヘロインを化学合成する途中で副産物として生じた化合物が，パーキンソン病を引き起こしたことがわかった．この化合物は，1-メチル-4-フェニル-1,2,3,6-テトラヒドロピリジン（MPTP）であった．MPTP は天然界には存在しない化合物だが，MPTP を投与したサルはヒトのパーキンソン病と同様の症状を呈した．このため，MPTP の作用機構の解明は，パーキンソン病一般の発症機構の解明につながることが期待され，MPTP の作用機構について膨大な数の研究が行われた．

これまでの研究で，MPTP のニューロン特異的細胞毒性の発現機序については，図 6.3 に示すような機構が提唱されている．簡単にまとめると，末梢から投与された MPTP は，MPTP の形で血液脳関門を通過した後に，B 型のモノアミン酸化酵素（monoamine oxidase-type B：MAO-B）の作用により酸化されて MPP$^+$ となる．この MPP$^+$ が実際の神経毒として働く．MPP$^+$ はドーパミンニューロン神経終末に存在するドーパミントランスポーターにより，エネルギー依存的にドーパミン作動性ニューロン（ドーパミンニューロン）の神経終末に蓄積される．

MPP$^+$ は，ドーパミンニューロンの神経終末で多様な生理作用を発揮する（図 6.4）．MPP$^+$ により，ミトコンドリアの複合体 I を構成している NADH デヒドロゲナーゼが阻害される．酸化的呼吸の MPP$^+$ による阻害は，細胞内 ATP の

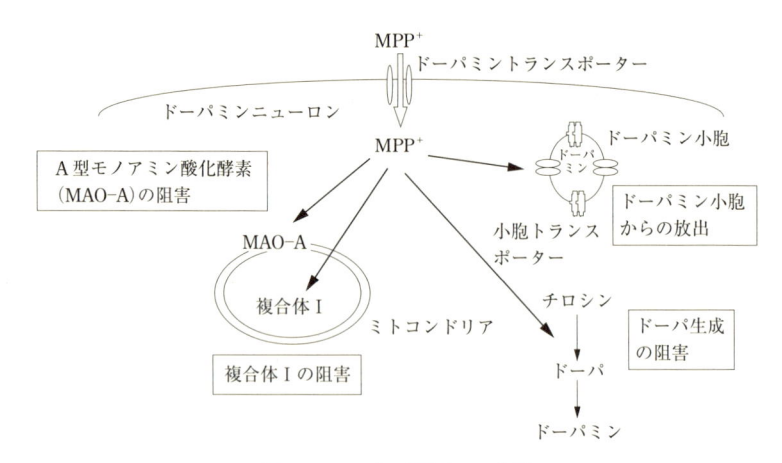

図6.4 MPP$^+$の細胞内での作用.

欠乏をきたし膜電位の消失をもたらす．その結果，細胞内カルシウム濃度の増加やラジカル形成の促進などの生化学的変化が生じて，細胞死に至る機構が提唱されている．

　ミトコンドリアに対するMPP$^+$の阻害作用は組織特異的ではなく，すべての哺乳類の細胞に作用しうる．したがってMPP$^+$の選択的神経毒性は，黒質線条体系ドーパミンニューロンの神経終末がMPP$^+$を取り込む高い能力をもっていること，そして取り込んだMPP$^+$を神経細胞死を引き起こすのに十分高い濃度を維持することによると思われる．MPP$^+$はニューロメラニンに結合するので，ドーパミンニューロンに存在するニューロメラニンの効果で，MPP$^+$のドーパミンニューロン内での濃度が高いまま維持されるのかもしれない．MPP$^+$は，刺激に応じてドーパミンニューロンの神経終末から放出されることが示されている．これは，少なくとも取り込まれたMPP$^+$の一部は，ドーパミン小胞に蓄えられていることを示唆する．また，MPP$^+$は副腎髄質のクロム親和性顆粒にも取り込まれ，細胞に対するMPP$^+$の細胞毒性を抑えていることを示唆する報告もある．

6.5.3 チロシン水酸化酵素とパーキンソン病

　チロシン水酸化酵素(tyrosine hydroxylase, TH)は，ドーパミンを含むカテ

コールアミン生合成の律速段階を担っている．THの活性変化は，ドーパミン生産量の変化に直接結びつき重要である．ラット脳の線条体部位の組織スライスにおいて，神経終末でのチロシン水酸化反応速度を測定する系を用いて，MPTPのチロシン水酸化反応に及ぼす影響が調べられた．この系を用いると，MPTPはチロシン水酸化反応を顕著に阻害した．この阻害効果は，MAO-Bの阻害剤であるデプレニルやドーパミントランスポーターの阻害剤であるノミフェンシンでブロックされた．これは，MPTPがその活性型代謝産物であるMPP$^+$の形でチロシン水酸化反応を阻害していることを示し，実際MPP$^+$そのものを反応系に加えたときにも，強い阻害効果を現した．このチロシン水酸化反応の測定系は，MPTPやMPP$^+$のTHに対する直接の効果ではなく，細胞内での内在の基質と内在の補酵素が使われて，神経終末での反応をみることができるところに特徴がある．

MPTPやMPP$^+$は，THに対する直接の阻害効果をもっていない．MPTPのチロシン水酸化反応に対する阻害作用は，シナプトゾーム標品でも認められている．また，MPTPを腹腔内から投与されたマウスでも，生体内で線条体でのチロシン水酸化反応が減少していることも示されている．どのようなメカニズムにより，MPP$^+$がチロシン水酸化反応の阻害作用を発揮するのか非常に興味深いが，現時点ではまだそのメカニズムは解明されていない．また，MPP$^+$のチロシン水酸化反応の阻害作用とドーパミンニューロンに対する神経毒性とのつながりについても，まだ明らかではない．

ヒトTHには選択的スプライシングにより生じる4種のアイソフォーム(isoform)が存在する．1型から4型とよばれる4つのアイソフォームは，2型には1型の30番目と31番目のアミノ酸の間に4アミノ酸の挿入があり，3型では27アミノ酸の挿入，4型では31(4＋27)アミノ酸の挿入がある．アイソフォームはマウスやラット，ウシなどにはみられず，旧世界ザルや新世界ザルなどの霊長類で初めて2型のアイソフォームが現れるが，これらのサルにも3型，4型のアイソフォームは存在しない．

これまでに3型，4型のアイソフォームの存在が確認されたのはヒトのみである．ヒトの黒質では4種のアイソフォームが1：2：3：4＝45：52：1.4：2.1型で存在する．最も多く存在するのが2型であるが，2型のTHでは，1型と

異なり4アミノ酸の挿入があるために，31番目のセリン残基が，Ca-カルモジュリン依存性プロテインキナーゼIIの基質となる．

筆者らは，パーキンソン病やMPTP投与サルでTHのアイソフォームの変化を調べ，これらの病態時にTHの多型性がどのように変化しているかを調べることを試みた．THのアイソフォームを識別するためには，組織より抽出したRNAを用いる高感度な定量的RT-PCR法により行った．カニクイザルにMPTPを2回に分けて計 2 mg kg^{-1} 投与し，1週間後の行動を観察した後10日目に組織を摘出した．MPTP投与サルでは，1週間後に明らかなパーキンソン病様症状を起こしていた．黒質，青斑核，副腎でTHのmRNA量を測定したところ，青斑核や副腎では対照サルとMPTP投与サルとで大きな変化はなかったが，MPTP投与サルの黒質では，対照サルに比べて顕著なRNAの減少がみられた．これは，MPTP投与により黒質のドーパミンニューロンが選択的に変性していることを示していると考えられる．このとき，THの1型と2型の比率には大きな変化は生じなかった．

また，パーキンソン病患者剖検脳の黒質で，THの4種の型のmRNAを同じく定量的RT-PCR法により測定したところ，対照者のTHmRNA量に比べて，パーキンソン病患者のTHmRNA量は約30％にまで減少していた．同じ試料において，ドーパをドーパミンに脱炭酸する芳香族アミノ酸脱炭酸酵素のmRNAも測定したところ，THと同様にパーキンソン病患者剖検脳では対照者の20％にまで減少していた．THのmRNAと芳香族アミノ酸脱炭酸酵素のmRNAが同程度の減少を示したことから，これらのmRNAの減少は，パーキンソン病におけるドーパミンニューロンの変性を主に反映していると考えられる．

6.5.4　パーキンソン病と化学物質

MPTPの発見は，一般のパーキンソン病の発症に化学物質が関与している可能性を示唆し，パーキンソン病発症神経毒の探索が行われた．MPP^+ と化学構造が似ている化合物として，イソキノリンや β カルボリンの誘導体が脳内に存在するかどうか，また細胞や動物に投与した場合に，ドーパミンニューロンに対する毒性があるかどうかなどの点について検索された．テトラヒドロイソ

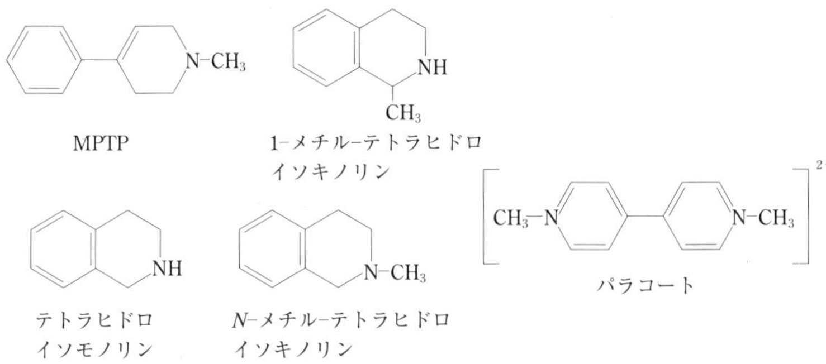

図 6.5 MPTP および関連化合物.

キノリンやそのメチル化誘導体は，ヒトの脳にも存在していることが報告された(図 6.5)．これらの化合物は，アルコール摂取時に脳内に増加するアルデヒドとドーパミンとの縮合により，生成すると考えられている．

一方疫学的調査から，パーキンソン病患者が都市部より郊外に多いこと，また井戸水の摂取によっても発症リスクが増大することが指摘されている．これらは，農業や酪農などに使われている薬剤の中に，パーキンソン病を発症させる神経毒が含まれている可能性を示唆した．現在その候補化合物として，除草剤であるパラコート(1,1'-ジメチル-4,4'-ビピリジリウム塩)や，殺虫剤であるロテノンなどがあげられている．パラコートはMPP^+の構造類似体であるため，初期からパーキンソン病発症との関連が注目されたが，ドーパミンニューロンに対する神経毒性はMPP^+に比べるとはるかに弱い．しかし疫学的データで，パーキンソン病の発症リスクとパラコートの使用量との間に正の相関があるとの報告もある．殺虫剤として使われているロテノンは，MPP^+の神経毒性発現作用として考えられているミトコンドリア複合体 I の阻害作用があり，実験動物への投与で，パーキンソン病と同様なドーパミンニューロンの選択的細胞変性が認められている．

マンガンは，必須微量元素として摂取しなければならないミネラルであるが，マンガン炭坑の労働者などが高濃度のマンガンにさらされることにより，振戦(手足の震え)，筋肉の固縮など，パーキンソン病類似の症状を発症する．このことは，低濃度の微量元素の長期間にわたる摂取によっても，パーキンソン病

の発症が影響を受けることを示唆しており，興味深い．

　グアム島の一部の地域においては，運動神経疾患が高頻度で発症する．この病気は，進行性の認知障害とパーキンソン病による運動症候を伴う筋萎縮性側索硬化症(ALS)である．発症には，この地方でソテツ科の植物からデンプンをとって食用に供する習慣があることが関係しているといわれている．ソテツ科の植物に含まれている非タンパク性アミノ酸の一種，β-N-メチルアミノ-L-アラニンに神経毒性が認められているが，直接この化合物がこの病気の発症の直接の原因であるかは，明らかになっていない．

6.5.5　パーキンソン病発症環境要因の探索法

　MPTPは，自然発症のパーキンソン病と非常によく似た症状を，サルやヒトでも起こすことができる．しかし，MPTPは天然界には存在しないので，自然発症のパーキンソン病患者がMPTPそのものを摂取したために発症したとは考えられない．現在のところ，明確に自然発症のパーキンソン病の発症にかかわっていることが証明された化合物はない．MPTPの場合のように，一般には使われていない化合物による影響で特定の地域や集団に発症が限定されていれば，化合物の摂取と発症との因果関係を結びつけることが可能であるが，すでに広く使われている化合物の場合には，特定の化合物と疾患との関与を証明することは，一般に非常に困難である．

　ではどのようにすれば，一般のパーキンソン病発症にかかわる環境物質や環境要因を特定できるのだろうか．このためには，コホート研究(cohort study)とよばれる疫学的研究が用いられる．コホート研究とは，関心ある事項へ暴露した集団(コホート)と暴露していない集団の2つの患者集団を同定し，これらのコホートが関心ある転帰(この場合にはパーキンソン病の発症)を示すまで追跡する研究様式である．たとえば，10年後あるいは20年後のパーキンソン病患者の数で，暴露された人々の発症率を暴露されていない人々のそれと比較する．コホート研究は，解析を現在から未来への向き，つまり前向きに行うのが普通であるが，ときには過去の記録を利用することもある．ある危険因子にさらされた者とそうでない者が将来どのような病気に罹患するか，あるいはどのような病態になるのか，特にその危険率を研究するのに最もよい方法とされて

いる.

　今後このような疫学的研究により，さらにパーキンソン病や神経疾患の発症における環境因子や化学物質の関与を明らかにする研究が，進んでいくものと期待される．このような研究の進展により，病気になってから治療するのではなく，病気になることを予防することが可能になっていくものと考えられる．

7 生物の利用と環境

7.1 生体内環境の維持

7.1.1 シトクロム P-450 の役割

　植物，細菌からほ乳類に至るまで，非常に多くの生体内の環境を維持するために利用されている酵素が，シトクロム P-450 である．シトクロム P-450 は，生体内や生体外に由来するさまざまな分子を酸化的に変換する役割を果たしている．シトクロム P-450 は分子内にヘムを含むヘムタンパク質であり，非常に多くの種類が知られていて，シトクロム P-450 スーパーファミリーとよばれている．現在までに，およそ 4,000 もの遺伝子がシトクロム P-450 をコードしていると考えられている．シトクロム P-450 の機能としては，2 種類の働きがあるといえる．すなわち，生体異物(生体外から体内に取り込まれた異物)の代謝と，発生の制御や生体の恒常性(ホメオスタシス)を維持するために生体にとって必須のシグナル物質の生合成である．ほ乳類では，シトクロム P-450 は，薬剤や異物の代謝とステロイドや脂溶性ビタミンなどの代謝，および不飽和脂肪酸の生理活性な物質への変換を行っている．シトクロム P-450 は非常に安定な化合物，たとえばアルカンなどを効率よく水酸化することができることから，その活性中心の構造や反応機構が注目されている．シトクロム P-450 の触媒するさまざまな反応の概要を，図 7.1 に示す．

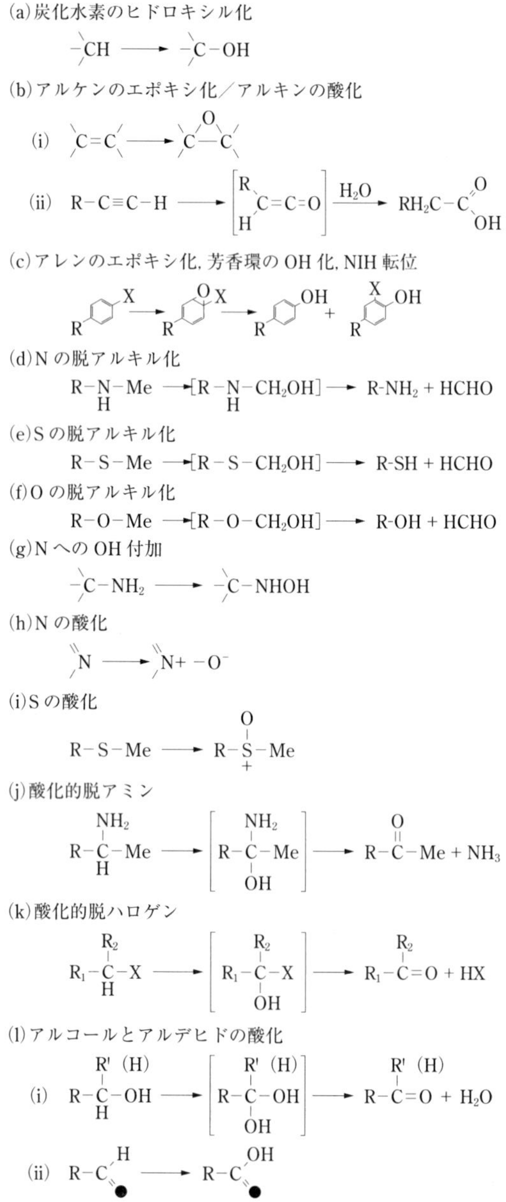

(a) 炭化水素のヒドロキシル化

$$-\text{CH} \longrightarrow -\text{C}-\text{OH}$$

(b) アルケンのエポキシ化／アルキンの酸化

(i) $\text{C}=\text{C} \longrightarrow \overset{\text{O}}{\text{C}-\text{C}}$

(ii) $\text{R}-\text{C}\equiv\text{C}-\text{H} \longrightarrow \left[\begin{array}{c} \text{R} \\ \text{C}=\text{C}=\text{O} \\ \text{H} \end{array} \right] \xrightarrow{\text{H}_2\text{O}} \text{RH}_2\text{C}-\text{C}\begin{array}{c}\text{O}\\\text{OH}\end{array}$

(c) アレンのエポキシ化, 芳香環の OH 化, NIH 転位

$$R-\text{C}_6\text{H}_4-X \longrightarrow R-\text{(epoxide)}-X \longrightarrow R-\text{C}_6\text{H}_4-\text{OH} + R-\text{C}_6\text{H}_3(X)-\text{OH}$$

(d) N の脱アルキル化

$$\text{R}-\underset{\text{H}}{\text{N}}-\text{Me} \longrightarrow [\text{R}-\underset{\text{H}}{\text{N}}-\text{CH}_2\text{OH}] \longrightarrow \text{R-NH}_2 + \text{HCHO}$$

(e) S の脱アルキル化

$$\text{R}-\text{S}-\text{Me} \longrightarrow [\text{R}-\text{S}-\text{CH}_2\text{OH}] \longrightarrow \text{R-SH} + \text{HCHO}$$

(f) O の脱アルキル化

$$\text{R}-\text{O}-\text{Me} \longrightarrow [\text{R}-\text{O}-\text{CH}_2\text{OH}] \longrightarrow \text{R-OH} + \text{HCHO}$$

(g) N への OH 付加

$$-\text{C}-\text{NH}_2 \longrightarrow -\text{C}-\text{NHOH}$$

(h) N の酸化

$$=\text{N} \longrightarrow =\text{N}^+ - \text{O}^-$$

(i) S の酸化

$$\text{R}-\text{S}-\text{Me} \longrightarrow \text{R}-\overset{\text{O}}{\underset{+}{\text{S}}}-\text{Me}$$

(j) 酸化的脱アミン

$$\text{R}-\underset{\text{H}}{\overset{\text{NH}_2}{\text{C}}}-\text{Me} \longrightarrow \left[\text{R}-\underset{\text{OH}}{\overset{\text{NH}_2}{\text{C}}}-\text{Me}\right] \longrightarrow \text{R}-\overset{\text{O}}{\text{C}}-\text{Me} + \text{NH}_3$$

(k) 酸化的脱ハロゲン

$$\text{R}_1-\underset{\text{H}}{\overset{\text{R}_2}{\text{C}}}-X \longrightarrow \left[\text{R}_1-\underset{\text{OH}}{\overset{\text{R}_2}{\text{C}}}-X\right] \longrightarrow \text{R}_1-\overset{\text{R}_2}{\text{C}}=\text{O} + \text{HX}$$

(l) アルコールとアルデヒドの酸化

(i) $\text{R}-\underset{\text{H}}{\overset{\text{R'(H)}}{\text{C}}}-\text{OH} \longrightarrow \left[\text{R}-\underset{\text{OH}}{\overset{\text{R'(H)}}{\text{C}}}-\text{OH}\right] \longrightarrow \text{R}-\overset{\text{R'(H)}}{\text{C}}=\text{O} + \text{H}_2\text{O}$

(ii) $\text{R}-\text{C}\overset{\text{H}}{\underset{\bullet}{}} \longrightarrow \text{R}-\text{C}\overset{\text{OH}}{\underset{\bullet}{}}$

図7.1 シトクロム P-450 が触媒する各種の反応.

(m) 脱水素

(i) $\text{-CH}_2\text{-CH}_2\text{-} \xrightarrow{-\text{H}\cdot} [\text{-CH}_2\text{-}\overset{\cdot}{\text{C}}\text{H-}] \xrightarrow{-e^-, -\text{H}^+} \text{-CH=CH-}$

(ヒドロキシル化) $\longrightarrow \text{-CH(OH)-CH}_2\text{-}$

(ii) $\text{HO-C}_6\text{H}_4\text{-NHAc} \xrightarrow{-2e^-, -2\text{H}^+} \text{O=C}_6\text{H}_4\text{=NAc}$

(n) 脱水

(i) $\text{R-CH=N-OH} \longrightarrow \text{R-C}\equiv\text{N} + \text{H}_2\text{O}$

(ii) $\text{R-CH=CH-CH(R')-OOH} \longrightarrow \text{R-CH=CH-(epoxide)R'} + \text{H}_2\text{O}$

(o) 還元的脱ハロゲン

$$R_1-\underset{R_3}{\overset{R_2}{\text{C}}}-X \xrightarrow{+e^-} R_1-\underset{R_3}{\overset{R_2}{\text{C}}}\cdot + X^-$$

(p) N-オキシド還元

$$\text{-N}^+\text{-O}^- \xrightarrow{+2e^- \ (+2\text{H}^+)} \text{-N} \ (+\text{H}_2\text{O})$$

(q) エポキシド還元

環状エポキシド $\xrightarrow{+2e^-, +2\text{H}^+}$ ベンゼン $+ \text{H}_2\text{O}$

(r) アルキルペルオキシダーゼの還元的 β 切断

$$X-\underset{R'}{\overset{R}{\text{C}}}-\text{OOH} \xrightarrow{+2e^-, +2\text{H}^+} X-\overset{R}{\text{C}}=O + R'\text{H} + \text{H}_2\text{O}$$

(s) NO還元

$$2\text{NO} \xrightarrow{+2e^-, +2\text{H}^+} \text{N}_2\text{O} + \text{H}_2\text{O}$$

(t) 異性化

プロスタグランジン H_2 (PGH_2) → プロスタグランジン I_2 (PGI_2) / トロンボキサン A_2 (TxA_2)

(u) 酸化的C-C結合切断

(i) $\text{R-CH(OH)-CH(OH)-R'} \xrightarrow[-\text{H}_2\text{O}]{+\text{O}_2, +2e^-} \text{R-CO-} + \text{-CHO-R'}$

(ii) (環)$\text{-CH(R)-CO-R'} \xrightarrow[-\text{H}_2\text{O}]{+\text{O}_2, +2e^-, +2\text{H}^+}$ (環)$\text{-R} + \text{R'-COOH}$

[M. Sono, M.P. Roach, E.D. Coulter, J.H. Dawson, *Chem. Rev.*, **96**, 2841 (1996) を改変]

シトクロム P-450 は似通った共通の構造を有している．ヘムは，保存された構造を構築している4本のヘリックスのうち，2本のヘリックス間に位置している．ヘムの第5配位子(軸配位子)として，シトクロム P-450 の共通アミノ酸配列(FxxGx(H/R)xCxG，xは任意のアミノ酸)のシステインが配位している．この軸配位子のシステインはチオレートとして配位しており，システインの軸配位子のため，シトクロム P-450 の名前の由来である Fe(Ⅱ)-CO 錯体のソーレ-(Soret)帯の吸収極大が，450 nm 付近にみられる．このような共通の立体構造を有しているが，基質結合部位はシトクロム P-450 の種類により大きく異なり，その基質特異性も大きく異なる．ある種のシトクロム P-450 は，非常に高い位置選択性，立体特異性を有するが，人の肝臓に存在する CYP3A4(シトクロム P-450 3A4)は，現存の医薬品のほぼ50％の代謝に関与していると考えられている．CYP3A4 の構造を図7.2に示す．

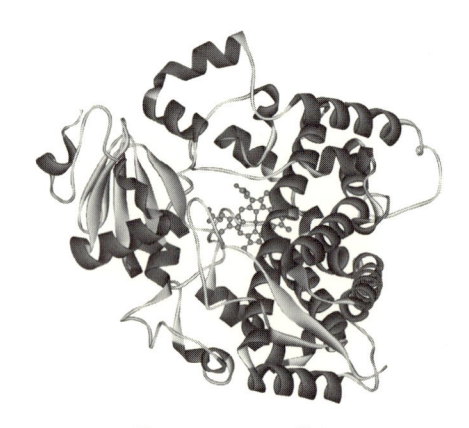

図 7.2 CYP3A4 の構造．

シトクロム P-450 はモノオキシゲナーゼに分類され，以下の反応を触媒する．

$$S + O_2 + 2e^- + 2H^+ \rightarrow SO + H_2O \tag{7.1}$$

(S：基質)

すなわち，基質に分子状酸素由来の酸素を一原子挿入することができる．分子

状酸素は，低温では多くの有機分子に対して反応性は低い．そこで，生体は分子状酸素を酸化力として利用するために，さまざまな金属を利用した酸化酵素を用いており，その1つがシトクロム P-450 である．

7.1.2 ハロゲン化炭化水素の分解

ハロゲン化炭化水素の中でも，特に塩素化された炭化水素は非常に安定で，溶剤としてすぐれており，かつ難燃性，難爆発性などのすぐれた性質を有しているため，多用されている溶媒である．しかし近年，土壌や地下水の汚染が問題となっている．なかでもトリクロロエチレン(TCE)は，多くの油やグリースなどの除去用の溶媒として多用されており，TCE は地下水における最も一般的にみられる汚染物質となっている．TCE は嫌気性菌により，嫌気的に塩化ビニルへと還元脱塩素化される．生成物である塩化ビニルは発がん性が懸念されているため，他の微生物による分解が望まれている．

メタン資化細菌は，さまざまなハロゲン化炭化水素を分解できる．この反応は，メタンモノオキシゲナーゼの阻害剤として知られているアセチレンにより阻害を受けること，メタンモノオキシゲナーゼの還元剤である NADH のリサイクルに必要であるギ酸が必要であることなどから，メタンモノオキシゲナーゼが関与していると考えられている．図 7.3 に，メタンモノオキシゲナーゼおよびトルエン 2-モノオキシゲナーゼ，トルエン 1,2-ジオキシゲナーゼによる TCE の分解経路を示す．可溶性のメタンモノオキシゲナーゼ(sMMO)は *Methylosinus trichosporium* OB3b などのメタン資化細菌に存在し，トルエン 2-モノオキシゲナーゼは *Burkholderia cepacia* G4，トルエン 1,2-ジオキシゲナーゼは *Pseudomonas putida* などに存在する．このように，メタン資化細菌に含まれる可溶性 MMO は基質特異性に乏しいため，メタンに加え，上述のハロゲン化炭化水素や，*n*-アルケン，芳香族，脂環化合物を含む広範囲の基質を酸化することができる．

可溶性メタンモノオキシゲナーゼによる TCE の酸化生成物は，トリクロロエチレンエポキシド，あるいはトリクロロアセトアルデヒド一水和物である．これらは，さらに菌体により分解される過程で脱塩素化反応が進行する．TCE の分解産物は MMO や他のタンパク質に結合するため，MMO の場合では，

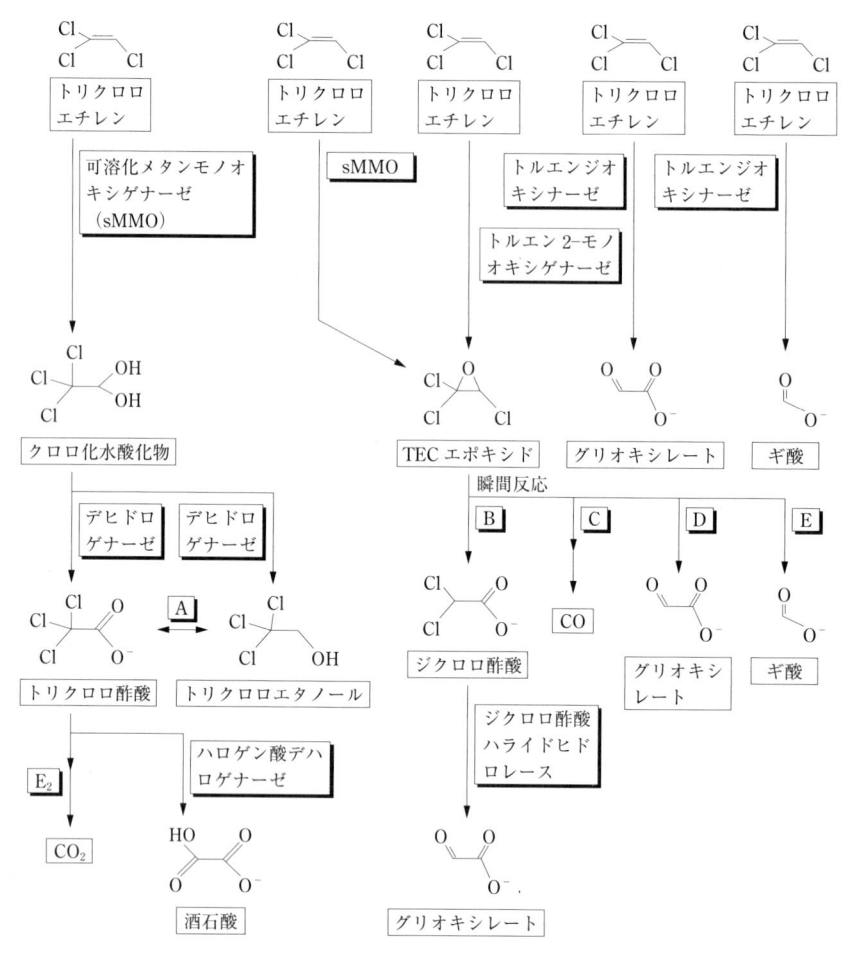

図 7.3 メタンモノオキシゲナーゼ，トルエン 2-モノオキシゲナーゼ，トルエン 1,2-ジオキシゲナーゼによる TCE の分解経路．

200 回程度のターンオーバーで失活する．

可溶性メタンモノオキシゲナーゼを発現した *M. trichosporium* OB3b を用いて，プロパンのハロゲン化の程度が分解速度に与える影響を比較すると，

1-クロロプロパン ＞ 1,3-ジクロロプロパン ＞ 1,2-ジクロロプロパン ＞ 1,2,3-トリクロロプロパン

の順に分解速度が低下する．分解速度は1,2,3-トリクロロプロパンで0.07 ml min^{-1}mg-cell^{-1}，1-クロロプロパンで1.03 ml min^{-1}mg-cell^{-1}となり，分解速度が10倍以上異なる．これは多置換のアルカンは分解されにくいことを示している．また，これら塩化プロパンの分解は，TCE分解速度よりも遅い．TCE分解のときと同様に，これら塩化プロパンでもMMOの活性の阻害が観測された．阻害の程度は1-クロロプロパンや1,3-ジクロロプロパンで低く，1,2-ジクロロプロパンや1,2,3-トリクロロプロパンで高い．また*M. trichosporium* OB3bは，芳香族ハロゲン化物の脱ハロゲン化反応も触媒する．

7.1.3 C1サイクル

前項で述べたメタンモノオキシゲナーゼは，自然界におけるC1サイクルに関与する酵素である．メタンは天然ガスの主成分であり，メタン菌によって行われる一連の二電子還元反応で，二酸化炭素から生産される再生可能なエネルギーであるため，石油に代わるエネルギー源として注目されている．毎年およそ1G(ギガ，10^9)トンのメタンが，メタン菌により生産されていると予想されている．メタン菌は絶対嫌気性菌であり，土壌中や水田，反すう動物の腸内などに存在し，メタンを生産している．湖沼などの環境では，生物により生産されたメタンのおよそ90％は，大気に達する前にメタン資化細菌により酸化されていると考えられている．C1サイクルの概念図を図7.4に示す．

このC1サイクルの重要な酵素の1つが，メタンモノオキシゲナーゼである．メタンモノオキシゲナーゼは，メタンを唯一の炭素源として生育する微生物，メタン資化細菌(methanotroph)に含まれている．メタン資化細菌はメタンを温和な条件下で代謝し，他の多様な炭素化合物に変換することができる．メタンモノオキシゲナーゼは，以下に示すようにメタンからメタノールへの酸化反応を触媒する．

$$CH_4 + O_2 + 2e^- + 2H^+ \rightarrow CH_3OH + H_2O \tag{7.2}$$

MMOにより触媒されるこの反応は，常温常圧という温和な条件で化学的に不活性なメタンを容易にメタノールに水酸化することから，その触媒機構および工学的な応用に興味がもたれており，MMOを利用する有用物質生産や，上述

7　生物の利用と環境

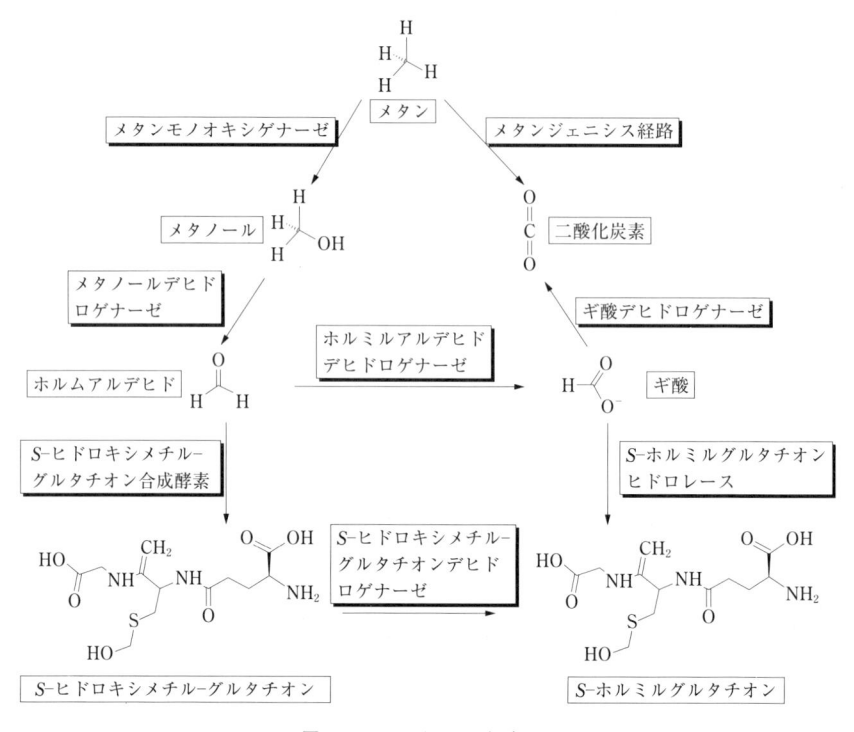

図 7.4　C1 サイクルの概念図.

の環境の浄化などが試みられている.

　このようにメタンモノオキシゲナーゼは，有用物質生産から環境汚染物質の除去に至るまで幅広い応用が研究されており，今後の研究の発展が期待される.

7.2　生体触媒の利用――メタンからメタノール合成を例として

　化石燃料の消費による二酸化炭素の発生量は年々増加し，2010 年には年間 6.8 G トン（炭素基準）に達すると予想されている．化石燃料の大量使用が引き起こす問題としては，温室効果で代表される環境問題と，化石燃料の枯渇によるエネルギー問題がある．現状では，エネルギーのみならず炭素資源も化石燃料に頼らざるをえないが，化石燃料の枯渇を考えると，二酸化炭素を炭素資源

7.2 生体触媒の利用—メタンからメタノール合成を例として

として積極的に活用する技術開発が切望されている．二酸化炭素の有効利用効率は，明らかにバイオ的手法がすぐれている．そこで，ここでは二酸化炭素の低減策の一環として，バイオ応用二酸化炭素の固定を概観し，特に酵素・微生物を利用するメタノール生産について述べる．

大気中のメタンも二酸化炭素と同様に年々増加しており，地球環境に大きな影響を及ぼすことが懸念されている．メタン排出量は二酸化炭素よりはるかに少ないが，温室効果は数十倍といわれている．そこで，新規なメタノール生産プロセスを構築し，大気中の二酸化炭素とメタンをともに軽減する方法が考えられている．プロセスの概略を図7.5に示す．これは3つのプロセスに大別することができる．すなわち，1)太陽エネルギーを用いる水の分解，2)水素を還元剤とする二酸化炭素からのメタン生産，3)メタンの部分酸化によるメタノールの生産，である．以下に各プロセスの詳細を述べる．

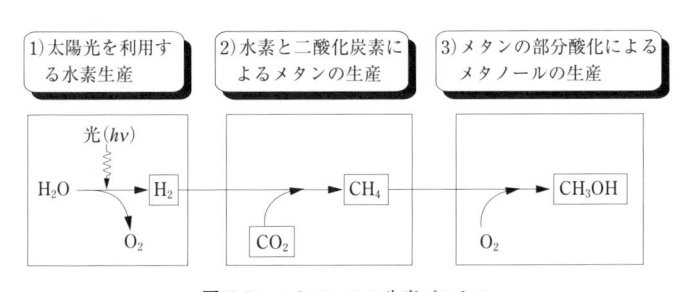

図7.5 メタノールの生産プロセス．

7.2.1 バイオ触媒による水からの水素製造

再生可能エネルギーとして，太陽エネルギーを利用する水からの水素製造を考える．生物による太陽エネルギーの固定は，緑色植物，光合成細菌など陸地にかぎらず，海水中，淡水中でも活発に行われ，太陽エネルギーを固定化できない他の生物のエネルギー源となっている．緑色植物，光合成細菌などの太陽エネルギー固定機構をうまく利用して，太陽光をエネルギーとした水からの水素製造を行うことができる．図7.6に緑色植物による炭酸固定の概略を示す．

緑色植物は，光合成系II(PS II)および光合成系I(PSI)により水を分解し，

7 生物の利用と環境

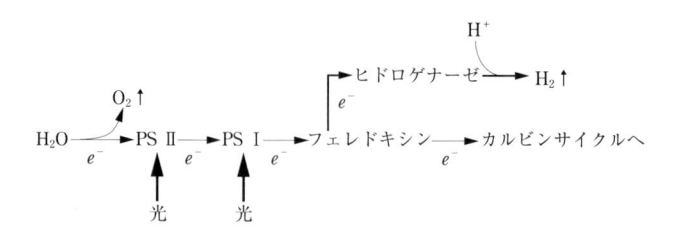

$$H_2O \xrightarrow{e^-} PS\ II \xrightarrow{e^-} PS\ I \xrightarrow{e^-} フェレドキシン \xrightarrow{e^-} カルビンサイクルへ$$

(O₂↑ から PS II へ、ヒドロゲナーゼ → H₂↑ (H⁺)、光が PS II と PS I に入る)

図 7.6 光合成系における電子の流れ.

酸素を発生する(4.4節参照).生体は水の光分解により得られた電子を利用し,図の矢印で示すように,フェレドキシンなどの電子伝達体を経由してカルビンサイクルに入る.このサイクルで二酸化炭素が固定され,炭化水素が合成される.ここで電子伝達体を介して,太い矢印で示すように途中から電子を横取りし,これと酵素ヒドロゲナーゼとを組み合わせれば,ヒドロゲナーゼの触媒作用によりプロトンに電子を与え,水素が発生する.すなわち,光合成系とヒドロゲナーゼとの組合せにより,太陽エネルギーで水が完全分解され,水素と酸素が発生する系が構築できることになる.

7.2.2 菌体を用いるメタノール生産

メタンからメタノールへの変換には,修飾メタン資化細菌が用いられる.メタン資化細菌の反応は,図 7.7 のように,第1段でのメタンモノオキシゲナーゼ(MMO)によりメタンを酸化し,メタノールを生成する.しかし生成したメタノールは,同一菌体内に存在するメタノールヒドロゲナーゼ(MDH)によりさらに酸化され,最終的には二酸化炭素にまで酸化される.そのため,メタノールの蓄積はみられない.MDHを選択的に阻害した修飾メタン資化細菌を用いれば,メタノールの効率的な蓄積を達成することができる.

MDHは,ピロロキノリンキノン(PQQ)を補酵素とするので,PQQと親和

$$CH_4 \xrightarrow{MMO} CH_3OH \xrightarrow{MDH}_{\times} HCHO \longrightarrow \longrightarrow CO_2$$

図 7.7 メタン資化細菌の反応.

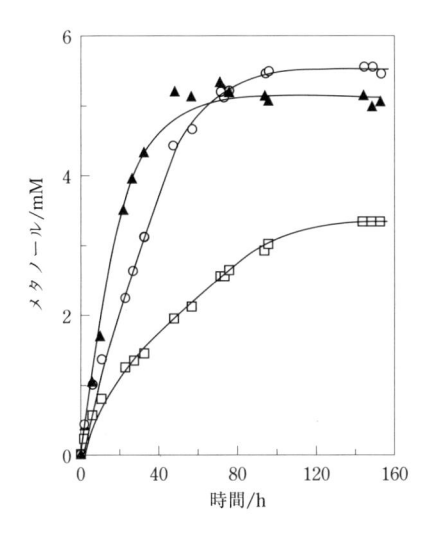

図 7.8 シクロプロパノール処理 *M. trichosporium* Ob3b を用いるメタノール合成反応.
反応溶液(全量 3.5 ml)は乾燥菌体 0.121 mg, メタン 112 μmol, 酸素 103 μmol, ギ酸ナトリウム 50 μmol を含むリン酸緩衝液(pH7.0). 反応温度 30℃, 反応液中の銅濃度,
□：< 0.21 μM, ○：1.25 μM, ▲：20 μM.
［大倉一郎, グリーンバイオテクノロジー(海野肇, 岡畑恵雄編), p.142, 講談社(2002)］

性の高い化合物は MDH の阻害剤となる. シクロプロパノールは PQQ と容易に反応し, PQQ と結合する. このため, シクロプロパノールは MDH の選択的阻害剤となるので, シクロプロパノール処理したメタン資化細菌を用いると, メタノールの蓄積がみられる.

図 7.8 は, *Methylosinus trichosporium* OB3b の菌体を用いるメタンからのメタノール生産の一例である. 反応 100 時間ではメタンの 70% がメタノールに変換され, MMO のターンオーバー数は 10 万に達する.

ここでは, 酵素・微生物を用いる二酸化炭素の固定と, メタンの生産, また天然ガスや発酵メタンからのメタノールの製造方法について述べた. メタノールのおもな用途は, いうまでもなくクリーンな液体燃料である. またメタノールを脱水・縮合すると, 容易にジメチルエーテルが得られる. この化合物の用途は広範に及び, フロンに替わる化合物として注目されている. 地球環境保全の観点からも, 酵素・微生物を用いるメタノールの生産技術開発が望まれている.

7.3 生細胞による環境モニタリング

 生物は地球上の多様な環境で生息している．特に微生物は，5章で詳述されているように，深海や高温・低温，酸・アルカリなど，特殊環境下で生息しているものも無数に存在する．生物は，周囲の環境中から生存に必要な栄養，エネルギー，情報などを摂取している．また有機溶媒環境中で生息する微生物は，その有機溶媒を栄養分として摂取するためのシステムを備えている．一方，人をはじめとする多細胞生物の最小基本単位は細胞であり，生物個体の環境応答を個々の細胞の環境応答としてとらえることができる．

 それぞれの微生物・細胞がもつ「環境応答機能」を巧みに利用することにより，環境に関する情報を獲得することができる．すなわち，生物が環境に応答して発信する情報を計測することにより，環境の情報を知ることができるということである．このように，生きた細胞を利用する環境モニタリングには多くの方法があるが，ここでは，組換え微生物を利用する環境汚染物質の検出，および動物細胞を利用するセンシングシステムを紹介する．

7.3.1 微生物による環境汚染物質の検出

 産業廃棄物として環境中に放出される多種多様な化学物質による土壌環境の悪化は，大きな社会問題である．このような環境汚染化学物質，なかでも土壌中に残存する難分解性化合物を，微生物の有する多様な解毒作用，分解機能を利用することにより，土壌環境中から分解して除去できる．環境汚染を予防，低減化するために，微生物のもつ難分解性化合物の分解能力を利用して環境汚染物質を分解除去するとともに，環境汚染化合物を高感度にモニタリングしなければならない．微生物のもつ難分解性化合物の分解経路は，ほとんどの場合，複数の酵素による連続的な反応から成り立っている．これらの酵素に対応する遺伝子は，標的物質感受性のプロモーターにより精密に発現制御されているので，プロモーター活性を測定すれば標的物質の測定が行える．微生物のもつ分解経路を汚染物質の検出あるいは除去に利用するためには，遺伝子群の発現制御機構の解析は必須であり，その解析結果を利用することにより，目的に合致

した遺伝子人工発現系の開発が可能となる．

A．組換え微生物による難分解性化合物の検出

　環境汚染物質，とりわけ芳香族化合物を中心とした有機化合物の微生物による分解作用は，古くから知られている．しかしながら，一般に芳香族化合物は微生物に対して強い毒性を示すことから，環境汚染物質の除去目的のために，天然に存在する微生物をそのまま用いようとする場合，多くの難点がある．また多くの微生物は，複雑な化合物を部分的に分解できても完全分解することはできない．これらの物質の分解に関与する遺伝子の大部分は染色体上に存在するが，一部の芳香族化合物や有害物質の分解を担う遺伝子は，プラスミド上に存在する．そこで，分解プラスミドと染色体上の分解遺伝子を組み合わせて，より複雑な化合物や難分解性の環境汚染物質を分解できる微生物を育種する試みが行われてきた．

　シュードモナス(*Pseudomouas*)属細菌は，土壌や下水中で生育する偏性好気性のグラム陰性桿菌であり，芳香族化合物の分解経路を多く有している．この経路の特徴は，ベンゼン環の水酸化反応や開環反応など，酸素添加酵素による反応が含まれる点にある．シュードモナスの物質分解に関与する遺伝子は，その大部分が染色体上に存在するが，一部の芳香族化合物の分解に関与する遺伝子はプラスミド上に存在する．このような分解プラスミドは，大部分が *Pseudomonas putida* から分離されたものである．分解プラスミドは一般にサイズが大きく，自己伝達能をもつものが多い．分解系遺伝子はオペロンを形成し，プラスミドの複製や伝達を司る領域とは別に存在している．また分解系遺伝子の発現を制御する調節遺伝子も，分解プラスミド上に存在する．

　P. putida 由来の TOL プラスミドは，トルエンや *m*-キシレンから安息香酸や *m*-トルイル酸を生成するオペロン *xylCAB* と，これらをアセトアルデヒドまたはプロピオンアルデヒドまで完全分解するオペロン *xylDLEGF* を有している．TOL プラスミドの発現調節においては，正の調節遺伝子(*xylR*, *xylS*)が関与していることが明らかにされている．工業的に大規模に使用されている代表的な芳香族化合物であるベンゼン，トルエン，キシレン(BTX)類の環境中，とりわけ土壌中での検出法を企図した場合，芳香族化合物の分解系を有するTOL プラスミドの利用は，理にかなった選択である．

B. TOL プラスミドの制御機構

ここで TOL プラスミドの発現制御機構について簡単に述べておく（図 7.9）．上述のように，2 つのオペロン（上流オペロン *xylCAB*，メタオペロン *xylDLEGF*）は，m-キシレンなどの誘導物質が存在するとき，*xylR* と *xylS* の 2 つの制御遺伝子により正の発現調節を受ける．ここで *xylR* 産物である XylR タンパク質は，*xylCAB* と *xylS* のそれぞれの発現を活性化している．さらに *xylS* 産物である XylS タンパク質は，*xylDLEGF* オペロンの発現を活性化することで，完全分解系を成立させている．

以上のように，TOL プラスミドに関してはその発現機構の詳細が明らかにされており，この制御遺伝子領域を利用することにより，BTX 類の検出システムの設計が可能である．たとえば，m-キシレンなどの有機化合物に感受性をもつタンパク質 XylR をコードする *xylR* 領域と，XylR により活性化される Ps プロモーター領域，さらにレポーター酵素の遺伝子を同一プラスミド上に再構成することによって，BTX 類の検出が可能になる．

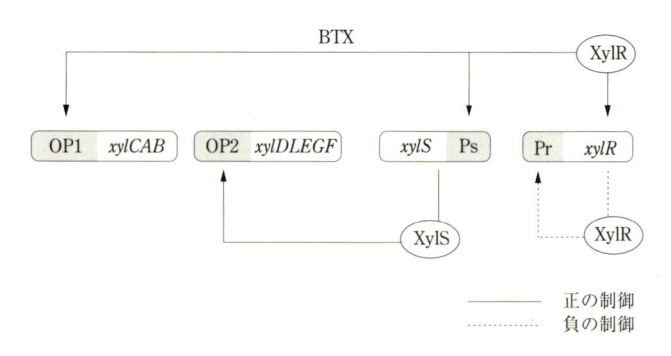

図 7.9　TOL プラスミドの遺伝子発現制御機構．

C. 芳香族化合物に応答して光る大腸菌

ここでは，レポーター酵素として発光反応を触媒するホタルルシフェラーゼを利用した．ルシフェラーゼを計測に利用する利点として，高感度，迅速性そして非破砕測定が容易であることなどがあげられる．ホタルルシフェラーゼは，ATP，酸素，Mg イオンの存在下，ホタルルシフェリンの酸化反応を触媒し，

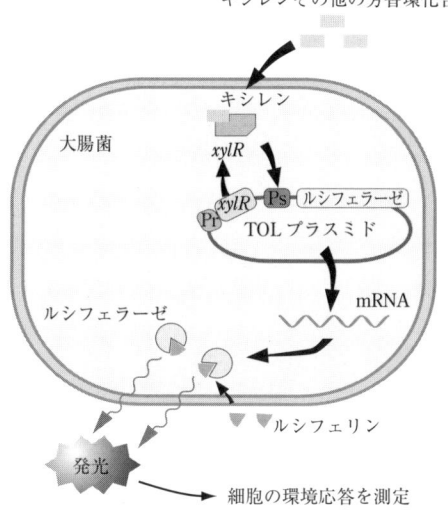

図 7.10 組換え微生物による BTX 検出の原理.

その際に発光が起きる．キシレンの完全分解系を担う TOL プラスミドの制御領域の支配下に，ホタルルシフェラーゼの構造遺伝子を挿入したプラスミドを構築し，このプラスミドにより大腸菌の形質転換を行った．この研究における BTX 検出の原理を，図 7.10 に示す．すなわち，外部環境に存在する芳香族化合物の種類と濃度に応答して，キシレン分解酵素群の発現を制御している Ps プロモーターが活性化され，その下流に組み込んだルシフェラーゼ遺伝子が発現するというしくみである．

この組換え大腸菌を通常の培地中で培養し，m-キシレンを添加すると，その濃度に応じた発光が確認された．検出限界は nM のオーダーで，m-キシレンを高感度に測定できることが示された．また異性体である o-キシレン，p-キシレンや，ベンゼン，トルエンなど他の芳香族化合物に対しても応答を示し，特異性はないものの，一連の芳香族化合物を簡便に検出できることが明らかとなった．さらに，光ファイバーを利用することによるリモートセンシングの可能性が示されている．

微生物の中には，他のさまざまな有機化合物や有機金属化合物の分解酵素群

を有しているものが存在し，そこには当然その遺伝子発現を制御しているシステムが存在する．したがって，測定対象物質に応じて適宜遺伝子発現制御システムを選択して本手法を適用すれば，環境に存在する多様な化学物質に対する高感度センシングシステムの実現が期待できる．

7.3.2 細胞バイオセンシングシステム

近年，薬剤や環境中の化学物質の安全性・有用性に対して，非常に高い関心がもたれるようになってきた．それに伴い，化学物質の生体に対する効果や安全性の評価を，正確かつ簡便に行えるシステムの開発が求められている．薬剤評価の最終段階においては動物実験が行われるが，動物実験では薬剤が体内のどこに影響を及ぼしたのかを評価することは非常にむずかしく，予測できなかった反応への対処が困難である．また，近年の動物愛護の観点からも，動物実験に代わる方法の開発が求められている．以上のような問題点を解決する化学物質評価システムを構築するために，生物の最小構成基本単位である細胞に注目が集まっている．すなわち，細胞を化学物質に応答する材料として用いて，化学物質が生体に与える影響を「生きたまま」評価を行うという戦略である．

A. 細胞の環境応答機能

細胞とは，上述のように生物を構成する最小基本単位である．細胞は基本的に増殖することが可能であり，さまざまな成長因子などの効果によって分化することもできる．また，多様な化学的あるいは物理的刺激に対して，細胞死，遺伝子発現，各種物質放出，電位変化といった適切な細胞応答により，生命活動を維持している．さらには，環境変化による自分自身への損傷を診断・修復する機構も備えており，細胞の内外で各種の情報伝達を行っている．細胞は，このような自己修復・自己診断・環境応答といった「インテリジェンス性」を有しており，細胞を材料として用いる試みが広く行われるようになったのも当然といえる．特に，細胞のもつ「環境応答機能」は，熱や電気的刺激，ずり応力といった細胞周辺の物理的な環境変化のみならず，薬物・毒物や環境汚染物質などの化学物質によっても発現される．この化学物質による細胞応答を測定することによって，化学物質が生体に与える影響を測定する「細胞バイオセンサー」を構築する試みが行われるようになってきた．

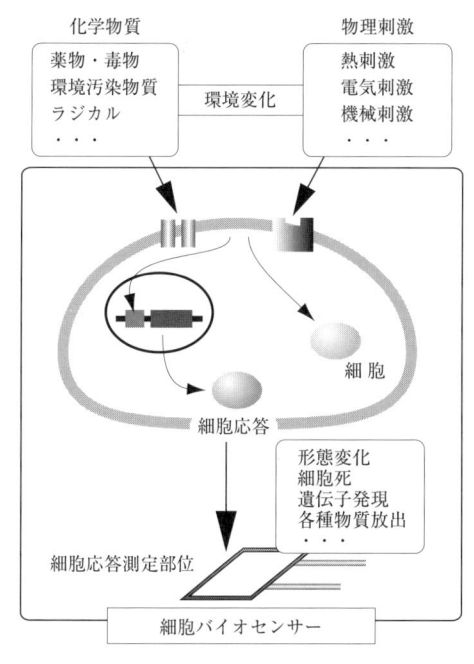

7.3 生細胞による環境モニタリング

B. 細胞バイオセンサー

細胞バイオセンサーとは，細胞を用いて化学物質の評価や定量を行うセンサーである．細胞センサーの概念を図7.11に示す．これは，細胞と細胞応答を認識・測定する部位からなるものであり，細胞に対して化学物質や物理刺激といった環境変化を加え，その結果誘起される細胞応答をその認識部位において測定し，評価・定量を行うセンサーである．従来のバイオセンサーでは，酵素や抗体，レセプターなどの生体分子を分子認識部位とし，これと信号変換部位となるトランスデューサーを組み合わせることにより，対象となる物質を測定・定量していた．しかし，この細胞バイオセンサーは生きた細胞そのものを利用しているため，対象物が生体に及ぼす全体の影響を測定・評価することができる．

細胞応答を測定するために，通常，電気的な測定方法と光学的な方法が使用

図 7.11 細胞バイオセンサーの概念．

7　生物の利用と環境

されている．電気的な方法では，化学物質投与による細胞の呼吸活性の変化や細胞周辺のpH変化を電気化学的に測定し，化学物質の評価を行う方法が知られている．また光学的な方法としては，刺激時における細胞の形態変化や増殖速度の変化などを，光学顕微鏡などで直接観察して測定するものがある．また，細胞の環境応答プロモーター下流に，蛍光あるいは発光活性をもつタンパク質の遺伝子を導入し，それらの発現量を測定することによって，細胞の環境変化を評価する方法もある．いずれの方法においても，評価する化学物質に対してよりよい評価を行うために，どのような測定デバイスを構築しなければいけないのか，十分に検討する必要がある．

ここでは，筆者らが開発した細胞バイオセンサーの一例として，血圧調節を行う薬剤に注目し，その生体に与える影響を評価することができるバイオセンシングシステムについて述べる．

C. 血圧調節剤を評価する細胞バイオセンシングシステム

血圧の調節は，身体の恒常性を保つために非常に重要な役割を果たしており，高血圧症や動脈硬化などにより異常をきたすと，さまざまな障害が生じる．こうした障害を改善するために，血圧調節剤が必要である．そこで，この血圧調節剤の評価を行うための細胞バイオセンシングシステムを構築した．この細胞バイオセンサーには，人さい帯静脈血管内皮細胞(human umbilical vein endothelial cell, HUVEC)を用いる．血管内皮細胞は，血流によるずり応力や化学物質によって，血管内皮細胞由来弛緩因子(endothelial derived relaxing factor, EDRF)である一酸化窒素(NO)を放出し，血管を弛緩させ血圧の調節を行っている細胞である．この細胞応答の指標として，EDRFであるNOを選び，これを電気化学的に測定した．細胞からのNO放出量は，血圧調節剤による血管の弛緩度として扱うことができ，このNOを測定することによって，血圧調節剤の効果を評価することが可能である．

まず，血管弛緩剤のモデルサンプルとして，血管弛緩を示すアチルコリン(ACh)と，NO合成酵素阻害剤であり血管弛緩を阻害するN^G-モノメチル-L-アルギニン(L-NMMA)を選び，これら各薬剤の細胞応答を評価した．

a. 細胞応答(NO)認識部位の構築とその評価

図7.12に，細胞バイオセンシングシステムの構造と作用機構を示す．電気

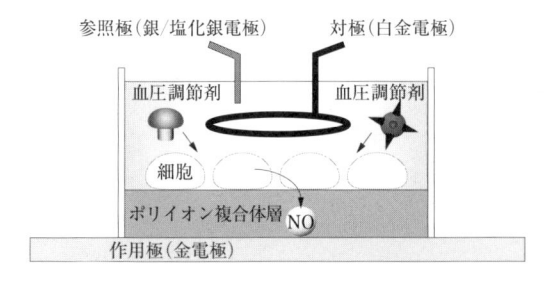

7.3 生細胞による環境モニタリング

図 7.12 細胞バイオセンシングシステムの構造.

化学測定系は 3 電極系であり，作用極には金電極，参照極には銀/塩化銀電極，対極には白金電極を使用する．細胞応答認識部位を次のように作製する．まず，10 cm × 10 cm の金電極上に内径 1.6 cm，高さ 1 cm のガラス筒を接着して，シャーレ状の電極を作製する．金電極上のガラス筒内に，ポリ-L-リジンとポリ(4-スチレンスルホネート)からなるポリイオン複合体層を形成する．このポリイオン複合体は，NO に対する選択性を向上させるだけでなく，細胞への接着性を付与することができる．

細胞応答認識部位の NO 応答特性を評価した．電気化学測定は微分パルスボルタンメトリー(DPV)により行い，NO がピークを示す電位の電流値を用いて，検量線を作成する．その結果，検出限界は 5 nM であり，非常に低濃度での NO を測定することができ，細胞バイオセンサーを構築するために十分な感度で，NO 放出量を測定可能であることが示された．

b. 細胞バイオセンシングシステムの構築および血圧調節剤の評価

次に細胞応答認識部位上に HUVEC を培養して，細胞バイオセンサーを構築した．各化学物質の薬剤応答を評価する際には，それぞれの物質をリン酸緩衝液に溶解し，各濃度に対応した量を添加する．ACh を種々の濃度で添加して応答電流の測定を行った結果，ACh 濃度依存的に NO 放出量が増加していることが示された．また，ACh とともに L-NMMA を同時に細胞バイオセンサーに滴下したところ，その放出量に対応する応答電流が低下した．以上の結果により，ACh は血管を弛緩する作用があること，および L-NMMA はそれを抑制する効果があることが確認できた．

血管内皮細胞を用いる細胞バイオセンシングシステムを構築し，細胞からのNO放出量を指標として，血圧調節剤の基本的な評価を行った．このシステムを用いることで，血管弛緩の抑制および促進に影響する薬剤の評価を行うことができる．NOは血圧調節のみならず，免疫細胞や神経細胞などにおいても情報伝達物質として働くため，同様の手法で関連薬剤の評価を行うことができる．さらに，細胞が放出する他の電気化学的に活性のある物質を指標とすることにより，その適用範囲は拡大する．このような細胞応答を指標とする細胞バイオセンサーは，今後化学物質の評価，ドラッグスクリーニングなどに広く使用されるようになることが期待される．

7.4 排水処理への応用

7.4.1 活性汚泥法

日本人1人が1日に使用する水の量は平均約350リットルで，世界平均の約3倍である．ほぼ同量の水が下水となり，下水道を経て処理場に運ばれ一括処理されたのち，河川へ放流される．このような下水道の恩恵にあずかる人口の割合（下水道処理人口普及率）は，2006年に70％に達した．

下水には，髪の毛，トイレットペーパー，土砂，大便などの固形物や，可溶性の有機物などが含まれる．排水処理は，これらのものを物理・化学的および生物反応を用いて除く操作である．排水の処理過程は大きく4つに分けることができる（図7.13）．固形物のほとんどは，スクリーンや重力沈降などの物理的方法①により除かれる．下水に含まれる可溶性有機物は，生物的処理②より変換される．①と②で発生した固形物は余剰汚泥（excess sludge）となり，その減容化と有効利用が求められている．さらに，下水に含まれる窒素やリンを除くプロセスが，高度処理④と位置づけられる．このような処理を受けた処理水は，最後に次亜塩素酸（ClO^-）による殺菌を施され，河川へ放流される．

水質を評価する際の重要な指標に，BOD（biochemical oxygen demand，生物化学的酸素要求量）とCOD（chemical oxygen demand，化学的酸素要求量）がある．BODは，水中に存在する溶解性有機物が微生物によって好気的に変換

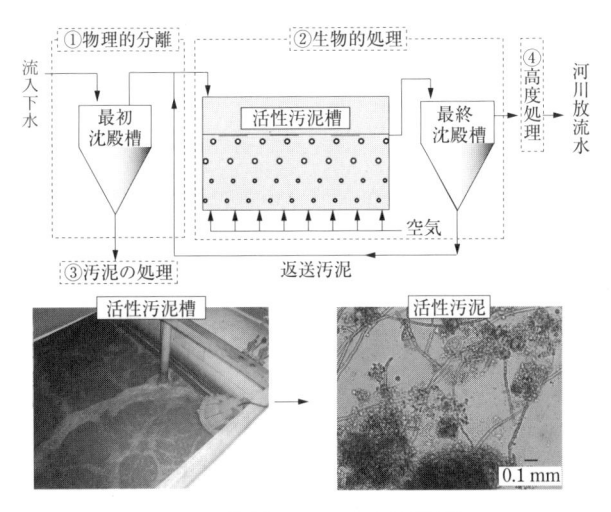

図 7.13 排水処理のフローと活性汚泥.

される際に消費される酸素の量を表す．分解の条件として20℃，5日間が用いられ，BOD_5と表記する．微生物に分解されやすい有機物が河川に放流されると，河川の微生物がそれらを基質に増殖し，河川水のDO(dissolved oxygen, 溶解酸素)濃度が減少する．酸素は水に溶けにくい気体であり，20℃の飽和DO値は 8.84 mg l^{-1} である．家庭下水のBODは 100 ～ 200 mg l^{-1} あり，処理せずに下水が河川に放流されるとたちまちDOが減少し，細菌以外の水生生物が生育できなくなる．アユなどの魚が生育できるBODの上限値は，約 5 mg l^{-1} といわれている．一方CODは，水中に存在する物質を，過マンガン酸カリウムや重クロム酸カリウムなどを用いて酸化分解する際に，消費される酸化剤の量から換算された酸素量を表す．使用した酸化剤によってCOD_{Mn}，COD_{Cr}のように表記する．BOD/COD比が大きければ，対象とする排水がより好気的微生物変換を受けやすく，その値が小さければ化学的酸化反応を受けやすいことを示す．

　BODを減らす方法で最もよく用いられるのが活性汚泥法である．活性汚泥 (activated sludge)とは生物活性の高い汚泥をさし，顕微鏡で観察するとさまざまな微生物を認めることができる．活性汚泥を構成する微生物叢(そう)には，

ウイルス，細菌，原生動物，後生動物などが含まれ，微生物どうしがくっつきあってフロックとよばれる塊を形成している．活性汚泥槽は，標準的に深さが約3mの巨大なプール状で，槽の下部から散気管を通し空気を微細な気泡として送る．空気を送るために消費されるエネルギーは，下水処理場全体で消費する総エネルギーの半分以上を占める．下水は活性汚泥槽の中に6〜8時間滞留し，活性汚泥による生物変換を受ける．BODのもととなる溶解性の有機物は，活性汚泥による同化(anabolism)と異化(catabolism)反応により除かれる．同化とは，溶解性の有機物が活性汚泥の基質となり，新たな細胞(新生細胞)に変換する反応をさす．一方異化とは，活性汚泥を構成する微生物群が，溶解性有機物をCO_2とH_2Oまで酸化する反応をさす．同化と異化反応は生体内で同時に進行し，次のようにまとめることができる．

$$溶解性有機物 + O_2 \rightarrow 新生細胞 + CO_2 + H_2O \tag{7.3}$$

活性汚泥による処理を終えた水は最終沈殿槽へ導かれ，固形分と処理水に分けられる．処理水のBOD値は数mg l^{-1}に減少し，殺菌後放流されるか，さらに高度処理が施される．固形分は返送汚泥として再び活性汚泥槽へ循環される．このような汚泥の循環により，活性汚泥槽の汚泥濃度は一定に保たれる．同化反応で増えた分の汚泥は，返送汚泥から最初沈殿槽に戻され，流入下水に含まれる固形物とともに沈降分離され余剰汚泥となる．活性汚泥法は，分離のむずかしい溶解性有機物をCO_2とH_2Oまで酸化する反応と，沈降分離ができる新生細胞(活性汚泥)に変換する反応と定義できる．

全国の下水処理場で発生する余剰汚泥の総量は，約7,400万トン(2003年下水道統計)に達する．余剰汚泥の減容化には焼却処理が最も有効である．しかし，含水率が高く自燃しない場合は補助燃料を必要とする．一方，2003年4月現在の埋立地残余年数は4.5年と見積もられており，余裕がない．このため，有機性汚泥を減容化するプロセスが多く開発されている．共通の原理は，汚泥を構成する微生物をさまざまな方法で殺菌し，再び微生物に変換するサイクルを繰り返すことにある．殺菌された細胞片は他の微生物の基質となる．基質が微生物に変換される割合を菌体収率(yield, $Y_{x/s}$)とよび，次のように定義される．

$$Y_{x/s} = \Delta x(新生細胞重量)/\Delta s(減少基質重量) \tag{7.4}$$

サイクルを n 回繰り返すと汚泥量は $(Y_{x/s})^n$ に減少する.殺菌する方法には,酸・アルカリ処理,熱処理,オゾン処理,好気・嫌気条件を繰り返す方法,加水分解酵素を分泌する菌を用いる方法などが提案されている.エネルギー消費が少なく $Y_{x/s}$ 値が小さい方法がより好ましい.また殺菌された汚泥を,排水から窒素を除く(脱窒)際のエネルギー源や,メタン発酵の原料に用いることが提案されている.廃棄物の量を減らし,さらには廃棄物を資源化するバイオプロセスの開発が望まれる.

7.4.2 栄養塩の除去

活性汚泥法によっては,下水に含まれる窒素やリンなどの栄養塩を除くことができない.栄養塩を多く含む排水が河川や湖沼,閉鎖海域に流入すると,水域が富栄養化(eutrophication)し,光合成活性をもつ植物プランクトンなどが異常増殖する.増殖したプランクトンの色によって,赤潮やアオコなどとよばれている.異常増殖したプランクトンは魚のえらに詰まったり,毒素を出したりして水環境を悪化する.また,死滅したプランクトンは水域の BOD 値を増加する.

アンモニアに代表される生物由来の窒素は,好気条件下で細菌による酸化反応を受け,亜硝酸(NO_2^-)→硝酸(NO_3^-)へと変換する.それぞれの反応を受けもつ細菌は,亜硝酸菌と硝酸菌である.両細菌は,窒素化合物の酸化反応で生育に必要なエネルギーを得,CO_2 を炭素源として増殖する.増殖に必要な炭素を CO_2 に求める細菌を,独立栄養細菌とよぶ.独立栄養細菌は,有機物を炭素源とする従属栄養細菌に比較し増殖速度が遅い.一方,硝酸態の窒素は嫌気環境で脱窒菌とよばれる細菌によって還元反応を受け,$NO_3^- \rightarrow NO_2^- \rightarrow N_2O$(一酸化二窒素)→ N_2(窒素ガス)へと変化する.N_2O と N_2 はともに気体である.N_2 は空気の主成分であるから,アンモニアを硝酸化→脱窒反応により N_2 へ変換できれば,水環境から窒素を除くことができる.したがって,下水に含まれる窒素を除くためには,好気条件の硝酸化反応と嫌気条件の脱窒反応を組み合わせる必要がある.

一方，リンはガス化することにより水環境から除くことができない．*Acinetobacter* 属の細菌は，好気条件でリンをポリリン酸として過剰摂取し，嫌気条件では蓄積したポリリン酸をエネルギー源に増殖する．一般に嫌気条件では代謝による ATP 合成効率が低いため，好気条件下より細菌の増殖速度が低い．しかしポリリン酸蓄積菌は，嫌気条件下でもポリリン酸をエネルギーに使用できるため，他の細菌よりも高い増殖速度を示し優占化する．したがって，活性汚泥を好気槽と嫌気槽の間を循環させることにより，ポリリン酸蓄積菌が優占化し，リン含有率の高い汚泥が形成される．リンは窒素，カリウムとともに肥料の三元素の1つである．下水に含まれるリンをポリリン酸蓄積菌の働きで濃縮し，肥料として利用する研究がなされている．

微生物の代謝活性をうまく利用し，下水に含まれる汚濁物質を除き，さらにそれらをエネルギーや有用物質に変換する技術開発が望まれる．

参 考 書

2章

トーマス・クーン(中山茂訳),科学革命の構造,みすず書房(1971)
T.S. ホール(長野敬訳),生命と物質,平凡社(1990)
クライブ・ポンティング(石弘之/京都大学環境史研究会訳),緑の世界史,朝日選書(1994)
都留重人,科学と社会,岩波ブックレット(2004)
東京商工会議所,ECO 検定公式テキスト,日本能率協会マネージメントセンター(2006)
志村ふくみ,一色一生,講談社文芸文庫(1994)
荒田洋治,水の書,共立出版(1998)
B. Alberts ほか(中村桂子,松原謙一監訳),細胞の分子生物学—第4版,ニュートンプレス(2004)

3章

日本光生物学協会編,光環境と生物の進化(光が拓く生命科学 2),共立出版(2000)
池谷仙之,北里 洋,地球生物学—地球と生命の共進化,東京大学出版会(2004)

4章

掘越弘毅,北爪智哉,虎谷哲夫,青野力三,酵素—科学と工学,講談社(1992)
相澤益男,山田秀徳,大倉一郎,宍戸昌彦,生物物理化学,講談社(1995)
大倉一郎,中村 聡,北爪智哉,新版生物工学基礎,講談社(2002)
有坂文雄,バイオサイエンスのための蛋白質科学入門,裳華房(2004)
S.J. Lippard, J.M. Berg(松本和子監訳),生物無機化学,東京化学同人(1997)
基礎錯体工学研究会編,新版錯体化学—基礎と最新の展開,講談社(2002)
増田秀樹,福住俊一編著,生物無機化学—金属元素と生命の関わり,共立出版(2005)
荻野 博,岡崎雅明,飛田博実,基本無機化学,東京化学同人(2006)
T.E. Creighton, *Proteins : Structures and Molecular Properties*, Freeman, New York(1993)

5章

跡見晴幸,今中忠行,超好熱菌の高温環境適応戦略,生化学,**75**, 561(2003)
福居俊昭,藤原伸介,始原菌,生物工学ハンドブック,p.71,コロナ社(2005)

参 考 書

大島泰郎監修,今中忠行,松沢　洋編,極限環境微生物ハンドブック,サイエンスフォーラム(1991)
畝本　力,特殊環境に生きる細菌の巧みなライフスタイル(未来の生物科学シリーズ),共立出版(1993)
古賀洋介,古細菌(UPバイオロジーシリーズ),東京大学出版会(1988)
古賀洋介,亀倉正博編,古細菌の生物学,東京大学出版会(1998)
掘越弘毅,関口武司,中村　聡,井上　明,極限環境微生物とその利用,講談社(2000)
掘越弘毅,秋葉晄彦編,好アルカリ性微生物,学会出版センター(1993)
東京工業大学大学院生命理工学研究科編,図解バイオ活用技術のすべて,工業調査会(2004)

6章

渡辺雅彦編著,脳・神経科学入門講座,羊土社(2002)

7章

日本化学会編,第5版実験化学講座25,触媒化学,電気化学,丸善(2006)
日本化学会編,季刊化学総説,生物無機化学の新展開,学会出版センター(1995)
海野　肇,岡畑恵雄編,グリーンバイオテクノロジー,講談社(2002)
海野　肇,中西一弘,白神直弘,丹治保典,新版生物化学工学,講談社(2004)

あとがき

「生物」の授業の最初に，内部環境と外部環境について習った読者も多かろう．これまで両者は別々にとらえられる傾向が強かったが，本書を通して，それらは一体化したシステムとして稼動していることを再認識していただけたならば幸いである．科学は，細分化と統合を繰り返しながら進歩してきた．細分化した最先端の現場で活躍する研究者が，自らの領域を統合の視点で記述したのが本書で，7章(1. 生物と環境, 2. 生命科学・環境科学の進歩, 3. バイオと環境適応, 4. 生物と金属イオン, 5. 極限環境に生きる生物, 6. 健康と環境, 7. 生物の利用と環境)それぞれに，独特のブレンド風味を味わっていただけたのではないかと思う．

東京工業大学大学院の生命理工学研究科では，生命の原理を研究する専攻，その集合体としての働きを研究する専攻，生物の働きを利用する専攻，生体物質を高度に利用する専攻，生物におけるシグナルの伝達を研究する専攻などの幅広い生命理工学の研究を行っている．本研究科が中心となって進める特別な教育・研究プログラムとして，グローバルCOEプログラム「生命時空間ネットワーク」がある．

本プログラムでは，空間と時間軸に沿った生命科学の研究を行い，バイオ研究のフロンティアをめざしている．本書は，このプログラムの教科書シリーズ「バイオ研究のフロンティア」の一冊としても位置づけられている．本書では，本研究科での教育や研究の一部を垣間見ただけであるが，これから科学の世界を旅しようとしている若い人たちの道しるべになれば，研究科としてこんなにうれしいことはない．

2008年1月

東京工業大学大学院生命理工学研究科長

広瀬　茂久

索　引

あ
アイソフォーム　99
アオコ　127
赤潮　127
　　——の発生　26
アーキア　→古細菌
アブシジン酸　36
アポ酵素　40
アミノ酸　3, 13, 22, 39, 42
　　——側鎖　42
アルコキシラジカル　33
アルツハイマー病　96
アンチポーター　81

い
硫黄還元　63
　　——従属栄養生育　64
イオン結合　68
異化　126
一致率　93
遺伝
　　——情報　11
　　——病　92
　　——法則　10
　　——要因　89, 92
遺伝子　2, 3, 11, 66, 89, 92
　　——組換え　12
　　——クローニング　75
　　——操作　12
　　——の複製　2
　　制御——　118
遺伝子群の発現制御機構　116
インスリン　13

う・え
うつ病　92
栄養素　90
エステル(型)脂質　29, 65
エーテル(型)脂質　28, 65
エムデン・マイヤーホフ経路　70
塩基配列　12, 89
エントロピー　17
　　——増大の法則　17

お
黄色ブドウ球菌　78
オートファジー　36
オペロン　117

か
解糖系　14, 19
化学合成独立栄養生物　62
化学進化　22
化学浸透説　80
化学反応　18
鍵と鍵穴の関係　14
核酸　4, 11, 22, 65
活性汚泥法　124, 127
活性化エネルギー　14
活性酸素　31
　　——種　31
がん　93
環境
　　——応答　116, 120
　　——汚染物質　116, 121
　　——適応　26
　　——破壊　8
　　——要因　89, 90, 92
　　還元的——　30
　　低温——　73
桿菌　5, 61
乾癬　93
感染症　93
乾燥ストレス　36

き
ギ酸デヒドロゲナーゼ　112
基質　14, 42
　　——特異性　14
球菌　5
極限環境微生物　28, 59
筋萎縮性側索硬化症　102
金属タンパク質　39, 41, 44
菌体収率　126

133

索　引

く
グラム陰性菌　76
グラム陽性菌　76
グリセロ脂質　27
グルコアミラーゼ　72
グルコキナーゼ　70

け
形質転換　61
血管内皮細胞　122
ゲノム解析　64
原核細胞　62
嫌気呼吸　57
嫌気性好熱菌　59
嫌気性生物　30

こ
好アルカリ性微生物　83
好塩性微生物　75, 77
高温ストレス　27
高温適応　27
公害　8
好気性生物　25, 30, 47, 51, 62
高血圧　92, 122
光合成　15, 17, 31, 34, 51
　――系　113
　――細菌　113
　――生物　25, 34
　――独立栄養生物　15
抗酸化物質　32
酵素　10, 27, 39
　アポ――　40
　アルデヒド脱水素――　22
　イソクエン酸脱水素――　74
　細胞外分泌――　85
　酸化還元――　41
　酸素添加――　117
　セルロース分解――　72
　チロシン水酸化――　98
　低温――　74
　補――　39
　芳香族アミノ酸脱炭酸――　100
　ホスホエノールピルビン酸合成――　71
　ホロ――　40
　モノアミン酸化――　97

β グリコシド結合切断――　72
構造安定化因子　68
高電位鉄-硫黄タンパク質　55
高度好熱細菌　59
好熱菌　59
好冷菌　73
呼吸鎖　80
五行説　9, 15
古細菌　28, 62
コドン　13, 66
コホート研究　102

さ
細胞
　――応答認識　122
　――外分泌酵素　85
　――死　98, 120
　――内共生　29, 31
　――バイオセンシングシステム　120
酸化還元
　――酵素　41
　――電位　34, 52
酸化ストレス　31
産業廃棄物　116
三次構造　14, 41
酸性高分子物質　86
酸素親和性　49
酸素添加酵素　117

し
シアノバクテリア　25, 30, 34
四元素説　9
自己複製　1
脂質　4, 16, 90
　――二分子膜　65
ジスルフィド結合　68
自然破壊　23
失活　27
至適温度　27
シトクロム
　――c　55
　――P-450　105
脂肪酸　16, 27, 73
シャペロン　30
自由エネルギー　17

従属栄養
　　──細菌　127
　　──生物　15, 62
宿主-ベクター　61
硝酸(塩)呼吸　57, 64
脂溶性ビタミン　91
情報伝達　11, 116
進化　2
真核
　　──細胞　27, 29, 31
　　──生物　28, 61
進化系統樹　61
進化論　10, 84
神経細胞死　98
親水性　15
真正細菌　27, 76
新生細胞　126
浸透圧　77, 91

す
水素結合　15, 68
水分環境　34
水分ストレス　36
水溶性ビタミン　91
ストレス
　　高温──　27
　　酸化──　31
　　水分──　36
　　低温──　27, 30
　　凍結──　27, 30
スーパーオキシドディスムターゼ　31

せ
制御遺伝子　118
生体異物の代謝　105
生態系　20
生物進化　26
絶対嫌気性　63
絶対好アルカリ性微生物　84
染色体　11
センシングシステム　116
喘息　93
セントラルドグマ　12

そ
草食動物　21, 23
相転移温度　28
相同性組換え　64
創薬　4
側鎖配位子　42
疎水性　15
　　──相互作用　16, 68
ソーレー帯　108

た
代謝　19, 70
　　生体異物の──　105
大腸菌　78, 118
太陽エネルギー　3, 15, 20, 113
耐冷菌　73
ダーウィンの進化論　10, 84
多発性硬化症　93
タンパク質　2, 13, 39, 68, 90

ち
地球
　　──温暖化　23
　　──環境　25
中等度好熱細菌　59, 62
中立進化説　22
超好熱菌　59
超らせん構造　66
チロシン水酸化酵素　98

つ
通性嫌気性　63
　　──菌　32
通性好アルカリ微生物　84

て
低温
　　──アミラーゼ　74
　　──環境　73
　　──感受性　27
　　──酵素　74
　　──ストレス　27, 30
　　──蓄積タンパク質　74
　　──プロテアーゼ　74
　　──リパーゼ　74

索 引

適合溶質　35, 79
鉄–硫黄
　　――クラスター　45
　　――タンパク質　44, 52
デヒドリン　36
デプレニル　99
電荷移動　55
電子供与体　34, 63
電子伝達　42, 51, 54
　　――系　33, 51
　　――タンパク質　41, 51

と

糖
　　――脂質　37, 90
　　――質　14, 18, 20, 90
　　――代謝　20, 70
同化　126
凍結ストレス　27, 30
統合失調症　92, 93
糖尿病　92, 93
独立栄養
　　――細菌　127
　　――植物　15
ドーパミン　95, 98
　　――トランスポーター　97
　　――ニューロン　95
トポイソメラーゼⅠ　67
トリクロロエチレン　109

な・に

ナトリウム駆動力　81, 87
難分解性化合物　116
肉食動物　21
二酸化炭素呼吸　64
二重らせん　11, 65, 89
ニューロメラニン　98

ぬ・の

ヌクレオソーム　66
ノミフェンシン　99

は

バイオマス　73
排水処理　124

パーキンソン病　94
バクテリオロドプシン　81
ハーバー・ボッシュ法　23
パラコート　101
反応
　　――中心　51
　　――特異性　14

ひ

光障害　34
非好塩性微生物　75
ヒストン　66
ビタミン　90
　　――C　32, 91
　　――E　32, 91
ヒートショックタンパク質　30
S–ヒドロキシメチル–グルタチオン
　　――合成酵素　112
　　――デヒドロゲナーゼ　112
ヒドロゲナーゼ　114
ヒドロペルオキシド　33
微分パルスボルタンメトリー　123

ふ

フェニルケトン尿症　92
フェレドキシン　53, 114
フォールディング　30, 68
複合脂質　16
不斉炭素原子　13
物質循環　8, 24
不凍タンパク質　30
プラスミド　117
フルクトース–1,6–ビスホスファターゼ　71
ブルー銅タンパク質　55
プルラナーゼ　72
プロトン
　　――駆動力　80
　　――勾配　51
　　――濃度勾配　51
　　――の循環　80
プロモーター活性　116

へ

ペプチド

――グリカン 86
――結合 3, 13
――鎖 13
ヘム 40, 47, 55, 105
――エリトリン 50
ヘモグロビン 40, 42, 46
――酸素化平衡曲線 49
ヘモシアニン 50
ヘリカーゼ 67
変性 27
偏性嫌気性菌 31
偏性好アルカリ性微生物 84
べん毛運動 82

ほ
補欠分子族 39
補酵素 39
捕食関係 20
ホスホフラクトキナーゼ 70
ホタルルシフェラーゼ 118
ホメオスタシス 105
ポリオール類 79
ポリリン酸 128
ホルミルアルデヒドデヒドロゲナーゼ 112
S-ホルミルグルタチオンヒドロレース 112
ホロ酵素 40

ま・み
膜の流動性 73
ミオグロビン 48
ミトコンドリア 3, 51, 56

め
メタゲノム解析 65
メタノールデヒドロゲナーゼ 112
メタノールヒドロゲナーゼ 114
メタンジェニシス経路 112
メタン資化細菌 109, 111, 114
メタンモノオキシゲナーゼ 46, 109, 111, 114
O^6-メチルグアニン-DNA メチルトランスフェラーゼ 69
メンデルの法則 92

も
木材資源 23
モノオキシゲナーゼ 108

や・ゆ・よ
焼畑農業 23
ユビキノンQ 56
葉緑体 15, 31, 36
四次構造 14, 42

ら・り
ラジカル 31, 121
リスケ鉄-硫黄タンパク質 54
リバースジャイレース 67
リブロース-1,5-二リン酸カルボキシラーゼ/オキシゲナーゼ 69
硫化水素 3, 34, 52, 63
硫酸塩呼吸 57
緑色植物 15, 113
リン脂質 16, 37, 90

る・ろ
ルブレドキシン 53
ロテノン 101

欧文
ACh 122
ATP 15, 18, 51, 97
ATP合成 80, 86, 128
αプロテオバクテリア 31
BOD 124
βグリコシド結合切断酵素 72
COD 124
DNA 10, 11, 13, 65, 68, 89
――アレイ 36
――二重らせん 11, 65, 89
――ポリメラーゼ 72
$FADH_2$ 51
Fe-ポルフィリン錯体 44
MPTP 97, 99, 100, 102
mRNA 100
$NADP^+$ 51
NADPH 51
PCR 72
――法 12

索　引

RNA　12, 68
RT-PCR法　100
Soret帯　108
16SrDNA　29, 67
TaqDNAポリメラーゼ　72

TCAサイクル　62, 70
TH　98
　——mRNA　100
X線結晶解析　13

◆編者紹介◆
田中 信夫(たなか のぶお)

理学博士
1964年大阪大学工学部応用化学科卒業.
1968年同大学院理学研究科高分子学専攻中退.直ちに鳥取大学工学部助手となり,大阪大学基礎工学部助手,同蛋白質研究所助教授を経て,1988年東京工業大学理学部教授.1990年同生命理工学部教授.2005年より東京工業大学名誉教授.
専門はタンパク質構造学

NDC 460　　148 p　　21 cm

環境とバイオ
バイオ研究のフロンティア　1

2008年　3月30日　第1刷発行

編　者　田中(たなか)　信夫(のぶお)
発行者　笠原　　隆
発行所　工学図書株式会社
　　　　〒113-0021　東京都文京区本駒込1-25-32
　　　　電話(03)3946-8591
　　　　FAX(03)3946-8593
印刷所　株式会社双文社印刷

©Nobuo Tanaka, 2008 Printed in Japan　　ISBN978-4-7692-0485-5

M E M O

MEMO

MEMO